# Scratch 3.0 少儿编程魔法书

史军艇 王朔◎著

北京大学出版社

PEKING UNIVERSITY PRESS

# 内容提要

本书以麻省理工学院开发的图形化编程软件 Scratch 3.0 为设计工具，结合数学、物理、美术、音乐等学科知识，讲解计算机编程中的基础知识。本书利用丰富的项目化场景和生动的科幻故事情节，对知识点进行巩固运用，同时锻炼学生的逻辑能力和发现并解决问题的能力。

本书分为四大部分，分别为编程原理及 Scratch 3.0 环境、Scratch 表达展示、Scratch 逻辑思维、大型项目设计及过渡高级语言。让每一位孩子从 Scratch 的"设计师"成为 Scratch 的"赋能师"，最后成为 Scratch 的"布道师"。

本书适合小学一年级以上对编程感兴趣的孩子，同时也适合零基础的成年人了解 Scratch，从而更好地陪同孩子一起学习。

**图书在版编目（CIP）数据**

Scratch 3.0 少儿编程魔法书 / 史军艇，王朔著 . —北京：北京大学出版社，2020.1
ISBN 978-7-301-30981-0

Ⅰ . ① S··· Ⅱ . ① 史··· ② 王··· Ⅲ . ① 程序设计 – 少儿读物 Ⅳ . ① TP311.1–49

中国版本图书馆 CIP 数据核字 (2019) 第 277756 号

| | |
|---|---|
| 书　　　名 | **Scratch 3.0 少儿编程魔法书** |
| | SCRATCH 3.0 SHAOER BIANCHENG MOFASHU |
| 著作责任者 | 史军艇 王朔 著 |
| 责 任 编 辑 | 吴晓月 刘沈君 |
| 标 准 书 号 | ISBN 978-7-301-30981-0 |
| 出 版 发 行 | 北京大学出版社 |
| 地　　　址 | 北京市海淀区成府路 205 号　100871 |
| 网　　　址 | http://www.pup.cn　新浪微博：@ 北京大学出版社 |
| 电 子 信 箱 | pup7@pup.cn |
| 电　　　话 | 邮购部 010-62752015　发行部 010-62750672　编辑部 010-62570390 |
| 印 刷 者 | 北京宏伟双华印刷有限公司 |
| 经 销 者 | 新华书店 |
| | 787 毫米 ×1092 毫米　16 开本　15.5 印张　295 千字 |
| | 2020 年 1 月第 1 版　2020 年 1 月第 1 次印刷 |
| 印　　　数 | 1—4000 册 |
| 定　　　价 | 69.00 元 |

序言

　　编程教育方兴未艾。就在两年前，学习编程还是一件相对小众的事情，但其实兴盛于发达国家的编程教育早已席卷少儿教育领域，带来了儿童教育概念与内涵的深刻变革。Scratch 编程以 STEAM 教育为典型标签，在长盛不衰的素质教育浪潮下带着"以学生为本""以创意为核心""过程取向"的核心精神不断深入。

　　社会发展日新月异。科技发展带来的成果改变了整个世界，也改变了所有人。新一代儿童面临的是奔涌而来的国际化、信息化、智能化的社会科技浪潮，在这样的趋势之下，不进则退。环顾当下，以编程为核心的各类智能设备充斥着我们的生活，编程语言是通向人机交互的不二路径，也是让孩子能够对话未来的关键技能。人工智能的人力缺口已经引起全世界范围内的广泛关注，诸如阿尔法狗战胜人类棋手的事实提醒我们，对未来人工智能的探索需要更多的警惕与敬畏，而理念的更新和技术的掌握必须从儿童开始。

　　点燃儿童创意的火苗。教育的目的从来不仅限于传递知识，正如凯洛夫所言："天赋仅给予一些种子，而不是既成的知识和德行；这些种子需要发展，而发展是必须借助于教育和教养才能达到的。"与多年来火热的外语教育、专业教育相比，编程教育不再是仅仅教会孩子知识与技能，而是真正从开发孩子的潜能出发，点燃藏在孩子小小身体里的巨大创意能量，编程带来的是精神的浩瀚、想象的丰富，以及心灵的充盈。

　　编程教育大热乃是大势所趋，此书的编撰得到了国内外诸多同行专家的关注和支持，写作团队包括清华博士、浙大教授、上海交大博士、普渡大学博士、密歇根理工大学博士、伦敦国王学院教育学硕士，以及在各大名牌小学教学一线的信息教师。此外，为了给学生展示最具原理性的 Scratch 学习策略，笔者拜访了 Scratch 之父 Mitchel Resnick 教授，探究 Scratch 3.0 设计思想，并获得了 Mitchel Resnick 教授亲笔签名书籍，他希望笔者能把 Scratch 3.0 带给更多的孩子，促进中国青少年编程教育的发展。

　　希望本书能够给对编程感兴趣的孩子以参考，帮助更多的孩子在做中学，帮助孩子树立对改变未来的信心，培养孩子掌握人工智能未来的能力，为孩子的美好未来助力！

　　全书分为四大部分。

## 编程原理及 Scratch 3.0 环境
### （1~2）

主要介绍编程原理及 Scratch 3.0 的环境，告诉孩子编程到底是什么，我们可以用 Scratch 来做什么事情，把抽象难懂的编程原理用通俗形象的语言传达给将要学习编程的孩子。

**第一部分**

## Scratch 表达展示
### （3~7）

此部分首先介绍编程的表达展示，孩子们接触编程，最直接的就是想把自己的创意和想法用程序实现并生动地展示出来，让孩子成为 Scratch 的"设计师"与"创作师"。因此，这里先介绍图形编辑、角色造型、外观、声音、运动等基础知识，然后为动画创作综合应用，用所学到的编程基础知识创作出完全属于自己的"舞台"及"剧本"。注意，这里都是原创哦，我们不像其他书籍那样，要去网上下载各种图片素材，而是全部需要自己绘制出来。这非常有意义，可以想象一下，一个小学生通过半本书的学习，就可以创作一部活灵活现的动画片！

**第二部分**

## Scratch 逻辑思维
### （8~13）

在上部分学会了如何设计并展示自己的想法后，我们需要梳理"剧本"里的每一个角色和事物的逻辑关系，从程序设计的 3 种基本流程入手，拓展到变量、运算、侦测、自定义、链表等高阶逻辑知识点。本部分侧重培养孩子清晰的逻辑思维能力，能够赋予自己作品最高深的"灵魂"，因为相比第二部分的作品，我们已经学会了如何丰富作品的"大脑容量"。

**第三部分**

## 大型项目设计及过渡高级语言
### （14~15）

最后一部分，通过将之前所学综合运用，融会贯通，孩子可具备创作大型项目的能力。另外，我们还会接触过渡高级编程语言——Python（最后一章），把一块块的积木块"拆"开来，对比 Scratch 和 Python 的区别，为今后的纯代码编程打下坚实的基础。

**第四部分**

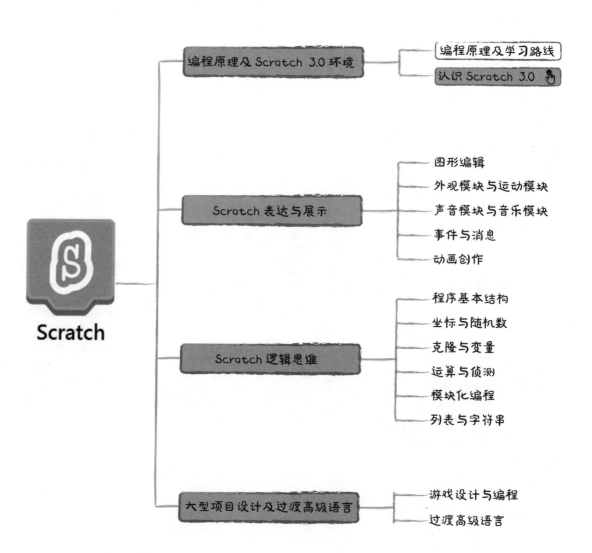

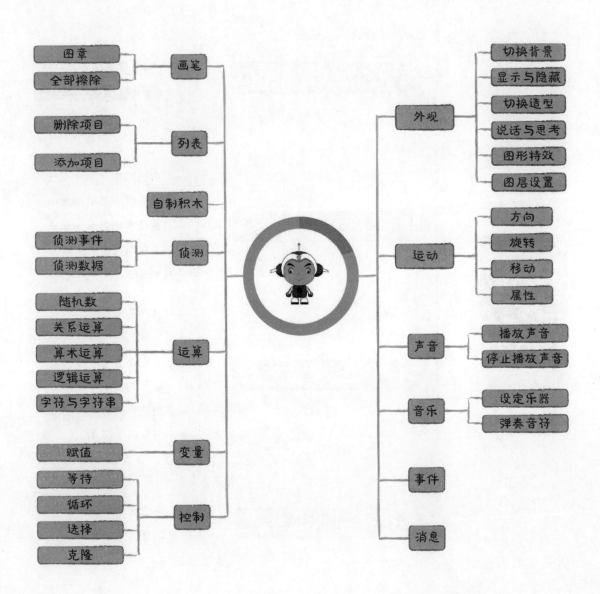

图章
全部擦除
画笔

删除项目
添加项目
列表

自制积木

侦测事件
侦测数据
侦测

随机数
关系运算
算术运算
逻辑运算
字符与字符串
运算

赋值
变量

等待
循环
选择
克隆
控制

外观
切换背景
显示与隐藏
切换造型
说话与思考
图形特效
图层设置

运动
方向
旋转
移动
属性

声音
播放声音
停止播放声音

音乐
设定乐器
弹奏音符

事件

消息

# 目 录

## 3. 我的舞台 /37

## 4. 保卫地球 /57

## 5. 太空钢琴 /73

## 6. 一场意外 /85

## 7. 月球营救 /97

## 8. 太空迷宫 /115

# 9. 躲避陨石 /129

# 10. 小未大战僵尸 /141

## 11. 坦克大战 /155

## 12. 能量补充站 /171

## 13. 寻找宝箱 /189

## 14. 接住他们 /207

## 15. 从 Scratch 到 Python /235

CHAPTER **1**

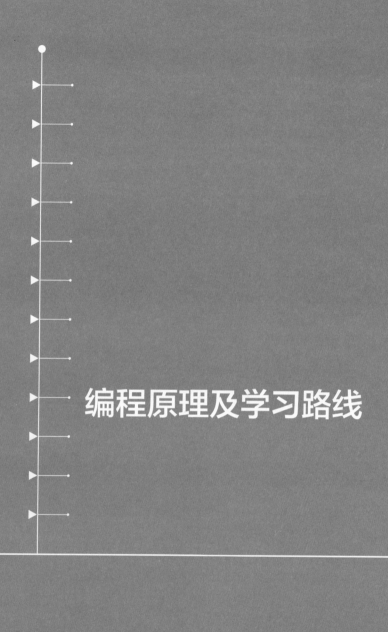

编程原理及学习路线

## ● 编程原理

从理论上来说，编程就是为了借助计算机来达到某一目的或解决某个问题，而使用某种程序设计语言编写程序代码，并最终得到结果的过程。简单来说，编程就是让计算机去工作，为了让计算机能够理解我们的意图，我们就必须将需要解决问题的思路、方法和手段通过计算机能够理解的形式告诉计算机，使计算机能够根据人的指令一步步去工作，完成某种特定的任务。这种人和计算机体系之间交流的过程就是编程。而编程语言就是我们与计算机沟通的一种语言，如中国人和中国人沟通会说汉语，而英国人和英国人沟通会说英语，那我们和计算机沟通的语言就称为编程语言。我们可以通过编程语言告诉计算机我们的想法，然后通过编写程序让计算机执行这些程序，为我们工作。

未来将是人工智能的时代，万物互联将成为趋势，除了我们能看到的衣食住行过程中的实体（如房子、汽车、货物等），每一个物体都会"说话"，都会"交流"。其实，空间中还有很多隐形的信息流，而这个就是需要靠程序实现的，下图是未来城市万物互联的创想，整个城市都会在一个立体生态中，用计算机语言连接一切，使之有序稳定地运行，是不是很酷？

那程序到底是什么呢？程序其实就是指令的集合，它告诉计算机如何执行特殊的任务。它好比是指导你搭积木的步骤图谱或是指挥车辆行驶的交警（或者交通路标）。没有这些特殊的指令，就不能执行预期的任务。计算机也一样，当我们想让计算机为我们做一件事情的时候，计算机本身并不能主动为我们工作，因此我们必须对它下达指令。然而，计算机根本不会也不可能听懂人类语言（如汉语、英语）对事情的描述，因此我们必须使用程序来告诉计算机做什么事情及如何去做，甚至最简单的任务也需要指令，如如何取得鼠标单击动作，怎样在屏幕上放一个字母，怎样在磁盘中保存文件等。

前面讲了计算机和编程非常酷炫的应用，是不是感觉编程很神秘而且很高深，或者听起来很麻烦？但很高兴的是，我们可以从基础的编程语言或编程平台开始接触，为后续进一步的学习打下坚实的基础。在本书所要介绍的 Scrath 编程中，许多这样的指令都是现成的，已经包含在了 Scratch 编辑器的各个积木块中，我们只需要把这些具有特定功能的积木块进行拼搭。积木块拼搭好了之后，再由特殊的软件将我们的程序解释或翻译成计算机能够识别的"计算机语言"，然后计算机就可以"听得懂"我们的话了，并会按照我们的吩咐去做事。因此，编程实际上也就是"人给计算机出规则"这样一个过程。

随着计算机科学的飞速发展，总有一天不会编程的人将被列为"文盲"。如果你不希望当未来社会的"文盲"，那就从现在开始好好地学习编程吧！

随着社会发展日新月异，技术的更新也层出不穷，计算机科学与其他学科很不一样，不像语言学、历史学那样是长久的积淀，计算机科学要求不断更新，否则就会迅速被淘汰，编程也是如此。

你也许会问："编程会过时吗？"

答案是，编程工具会过时，而编程永远不会过时。

从 20 世纪 60 年代以后，计算机科学得到了突飞猛进的发展。似乎历史上没有任何一门科学的发展速度超过了计算机科学的发展，因为其无论硬件、软件，还是网络都以惊人的速度向前发展。在当下，编写程序并不是具有专业知识的人员才有的专利，每个接触并对计算机感兴趣的人都可以编写程序，每个人的灵感不同，在编写程序的思路和做法上也有区别，这是你充分发挥创造力的广阔天地。学习编程是一个漫长的过程，其中要付出努力和汗水，但是成功者的喜悦又非外人所能体会的。计算机的普及让更多的人有了学习的机会，也让更多的人加入编程人员的队伍中来，每个人都有编程的权利，每个人都多了一个展示自我的舞台。

编写程序是一件很有趣的事情，我们可以用 Scratch 编辑器来创作游戏、动画、故事等。如果你对编程感兴趣，可以多看些有关编程方面的书，多编些小程序上机实践，这些对于学习编程的帮助是非常大的，而且随着学习进程的不断推进，你会越来越能体会到其中的乐趣，享受编程的快乐。

## 学习路线

1. 如果你对计算机、程序、编程或接触未来有兴趣，那么就可以开始你的编程学习生涯了！

2. 幼儿园的编程入门可以从机器人编程开始。编程听着高端、看似复杂，其实也是由简单到复杂的进阶演化。机器人项目对于初学者而言可操作性强，借助专业教具，搭建出各式机器外观，实现机器功能，将创意变为实物，在过程中有效锻炼孩子的创造力、想象力、设计能力、动手能力、专注力和表达能力！而且在这个阶段，机器人编程可以通过刷卡实现，就如我们在超市刷卡一样，每一张卡片就是一条指令。如果组装指令形成一段"卡片程序"，将极其锻炼幼儿园小朋友的计算思维与逻辑思维。

3. 小学初级阶段 Scratch 编程是最佳选择。Scratch 以图形化模块编程的方式，通过积木块的搭建来制作一个小游戏、小动画、小故事或艺术作品等。你可以通过不同的排列组合制成各种各样的创意作品，既可以与日常生活接轨，又可以与各个学科相关，将固定的书本知识活学活用起来，在操作的过程中践行 Scratch "想象·创作·分享" 的核心理念，看似简单易上手，但其涉及的原理却是编程的根本。

**4** 小学中级阶段可以开始学习 Python。Python 是一款解释型、面向对象、动态数据类型的程序设计语言，其凭借自身的间接性、易读性和可扩展性，成为当今非常受欢迎的程序语言之一，被广泛应用于 Web 和 Internet 开发、科学计算和统计、教育、桌面界面开发等多个领域，是目前最适合人工智能的编程语言。Python 功能强大，也可以实现向信息学奥赛 C++ 的过渡。

**5** 小学高级阶段可以深入学习信息学奥赛 C++，在内容上从 C++ 程序设计入门，条件分支、循环结构、数组与字符串、函数和函数递归等逐层深入，更进一步发展计算思维与逻辑思维，形成关于 C++ 语法、C++ 标准库等的完整体系，并冲刺 NOIP（全国青少年信息学奥林匹克联赛）大奖。

**请谨记：** 浮躁是学习编程的大忌。编程能力的高低取决于以下四大方面：编程习惯、数学能力（包括逻辑思维能力、分析问题的能力）、对数据结构的认识能力及经验的多少。编程世界丰富多彩，等你来探索！

# CHAPTER 2

Scratch 3.0

Scratch 是由麻省理工学院（Massachusetts Institute of Technology，MIT）"终身幼儿园团队"设计开发的一款少儿编程工具，是一款开放性创造空间的图形化编程软件。

Scratch 很好地融合了语言艺术、科学探索、音乐、美术、数学等多门学科知识。所以，无论你在学校里最喜欢的是哪一门课程，都能在 Scratch 中去利用它，并制作出极具个性化的作品。例如，交互式的游戏、音乐、故事、动画等多种不同的类型。

官方团队将 Scratch 分成了三部分：想象、创作、分享。也就是说，你可以充分发挥自己的想象力去创造任何你喜欢的东西，最后可以将你的创意分享给全世界！本书将重点讲解"创作"的过程，创作的内容是我自己先想象出来的，那么你在跟着我一起创作时也可以加入自己的想法，也希望你能做出更好的作品！

创作之前，我们需要在计算机上先安装相应的软件，当然也可以直接使用在线编辑器。

## 在线编辑器

如果你能保证自己每一次都能在有网络的情况下进行创作，那么可以使用在线编辑器。使用在线编辑器时，我们可以创建一个属于自己的账号。每次结束创作时，务必进行保存，这样下次还能继续制作。如果你不想注册账号，那么可以先不跟着操作，后面会教你如何下载安装离线编辑器。

### 注册一个账号

**第一步** 确保你的计算机现在可以上网。

**第二步** 打开任意一个浏览器。

**第三步** 输入 Scratch 官方网址：https://scratch.mit.edu/ 。

**第四步** 如果打开的网页是全英文的，那么可以将网页拖动到最下面，将语言修改为"简体中文"。

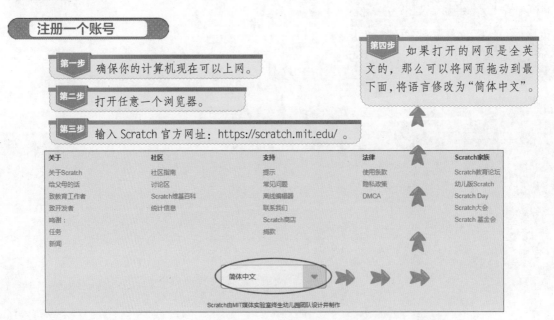

**第五步** 重新回到网页顶部，点击"加入 Scratch 社区"按钮，注册账号后，可以直接点击"登录"按钮。

**第六步** 按提示完成每一步的设置。

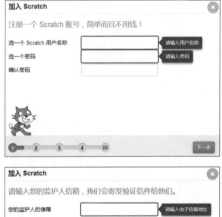

如果你想要分享自己的作品、评论他人的作品，那么马上去查收邮箱，并点击验证邮件中的链接进行验证。创建好之后，一定要记住自己的账号和密码。以防万一，你也可以把账号信息记录在自己的小本子里。

## 编程界面

进入 Scratch 官网后，我们看到的大多是来自世界各地的 Scratch 爱好者创作的作品，你可以点开任何一个作品去观看、试玩、再创作。但是我们的主要任务还是自己创作。

**第一步** 点击网页顶部的"创建"按钮。

SCRATCH　创建　发现　提示　关于　🔍 搜索

**第二步** 进入编程界面。

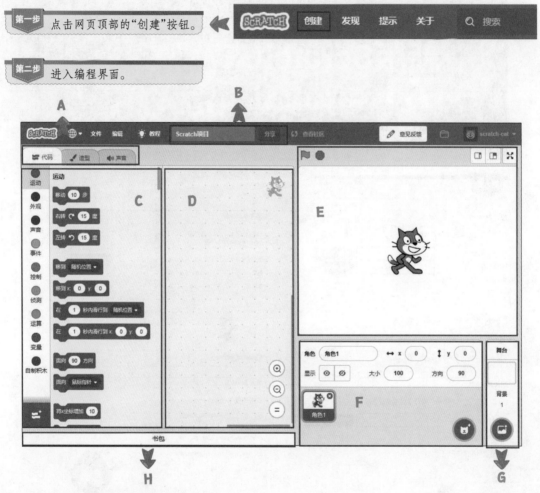

A~H 各个区域的功能如下。

A：选择标签页。刚进入编程界面时，均默认为"代码"标签页，也就是我们进行编程的主界面。点击"造型"标签页后会进入角色造型的编辑界面（左下图），点击"声音"标签页后则会进入角色的声音编辑界面（右下图）。

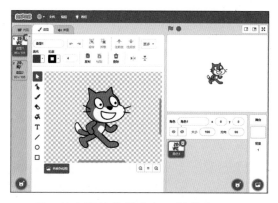 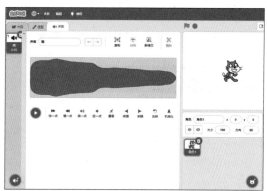

B：给自己的作品命名，并分享。

C：积木区。编程需要用到的所有积木块都在这里。左边圆形的按钮是积木块的分类，点击它们可以快速地找到自己想要的积木块；左下角有一个蓝色的按钮，称为"添加拓展"，点击后可以选择更多种类的积木块，如音乐、画笔等。

D：脚本区。这是编程区域，需要用鼠标把积木块拖动到这里，按照合理的顺序搭建好，如下图中的两个积木块。

E：舞台区。这是展现编程成果的地方，就像会播放各种节目的电视机一样。如果你也搭建了上面两个积木块，那么现在点击上方的绿色小旗子，你会发现，小猫会说话啦！

舞台区上方有 5 个按钮，从左到右的功能分别为：开始执行所有脚本（播放）、停止执行所有脚本、小舞台模式、大舞台模式、全屏模式（演示模式）。

F：角色区。可以在这里查看或修改舞台上的各个角色的基本信息。例如，现在这只小猫名字是"角色 1"，我想这并不是一个好听的名字，你可以直接在上面进行修改。"x"与"y"两个数字表示它在舞台上的位置；第二行中，眼睛形状的按钮 ⊙ 表示当前角色在舞台上可以被看见，加了一条斜杠的按钮 ⊘ 则表示隐藏；最后两个数字表示角色的大小与方向。

G：背景区。可以在这里添加更多的背景。和添加角色一样，背景也有 4 种添加方式。

H：书包。这里可以存储角色、积木块、脚本等多种信息。

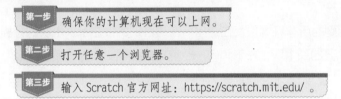
## 离线编辑器

### 下载安装包

如果你觉得注册账号的过程有点麻烦，又或者想要在没有网络的情况下也能自由创作，那么可以从官网上下载离线编辑器，并进行安装。

**第一步** 确保你的计算机现在可以上网。

**第二步** 打开任意一个浏览器。

**第三步** 输入 Scratch 官方网址：https://scratch.mit.edu/ 。

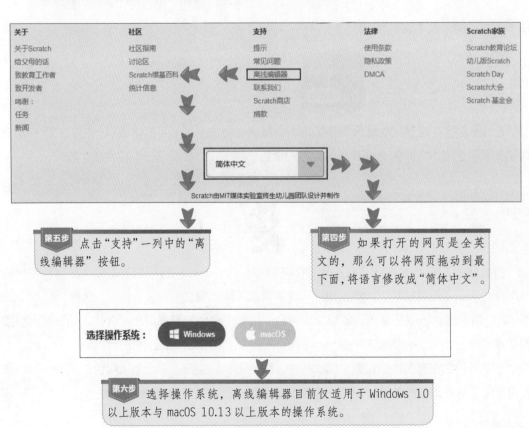

**第五步** 点击"支持"一列中的"离线编辑器"按钮。

**第四步** 如果打开的网页是全英文的，那么可以将网页拖动到最下面，将语言修改成"简体中文"。

**第六步** 选择操作系统，离线编辑器目前仅适用于 Windows 10 以上版本与 macOS 10.13 以上版本的操作系统。

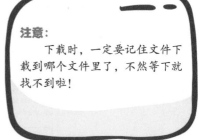

**注意:**
　　下载时，一定要记住文件下载到哪个文件里了，不然等下就找不到啦!

**第七步** 点击"下载"按钮。

## 安装与设置

**第一步** 找到刚才下载的文件，如果你是 Windows 用户，那么双击运行下载好的"Scratch Desktop Setup（.exe）"文件；如果你是 macOS 用户，那么打开"Scratch Desktop Setup（.dmg）"文件，并将 Scratch 桌面软件移动到应用文件夹。

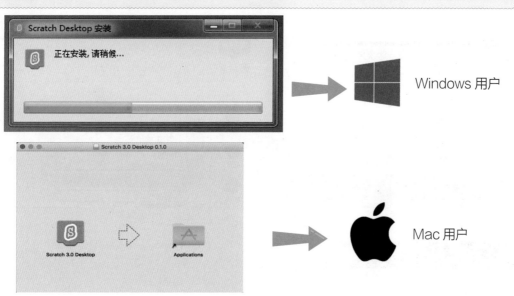

Windows 用户

Mac 用户

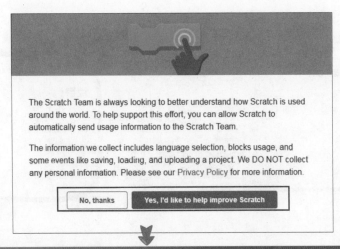

**第二步** 安装好后，软件会自动打开，出现一个对话框，询问你是否愿意提供在使用该软件时的语言设置、积木块使用情况等相关信息给 Scratch 的开发团队，以帮助他们做得更好。你可以点击 "No, thanks" 按钮，不允许他们获取你的使用信息；也可以点击 "Yes, I'd like to help improve Scratch" 按钮，允许他们获取你的使用信息。

**第三步** 安装好的 Scratch 也是英文界面，我们可以将它切换到中文界面。点击 Scratch 左上角的小地球。

**第四步** 在下拉框中找到"简体中文"并单击，完成设置。

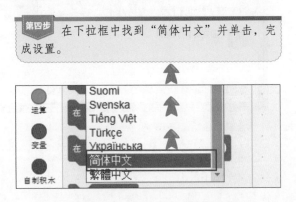

## ● 下载、上传作品

### 从在线编辑器中下载作品

当你使用在线编辑器制作了一个作品后，想保存到计算机上，使用离线编辑器继续创作，那么可以将它从网页下载到计算机上。

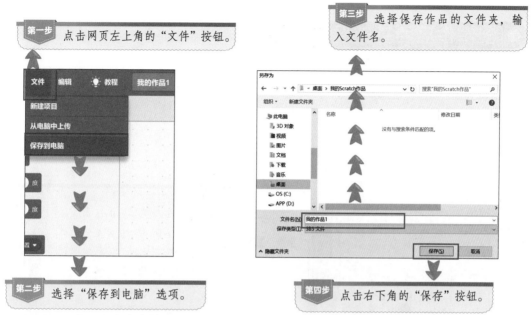

**第一步** 点击网页左上角的"文件"按钮。

**第二步** 选择"保存到电脑"选项。

**第三步** 选择保存作品的文件夹，输入文件名。

**第四步** 点击右下角的"保存"按钮。

Scratch 官网上有许多好玩的作品，各种类型的游戏、动画等。如果你看见一个自己非常喜欢的作品，那么也可以将它下载保存到自己的计算机中。

**将离线作品文件上传到网页**

既然讲了下载，那么再来简单地介绍将自己使用离线编辑器创作的作品上传到在线编辑器中的方法吧，这样你也可以将自己的作品分享出去啦。

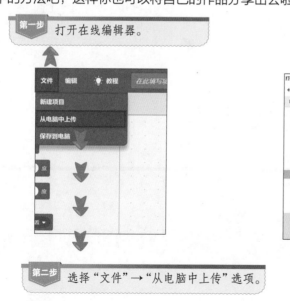

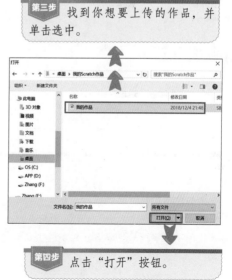

**第一步** 打开在线编辑器。

**第二步** 选择"文件"→"从电脑中上传"选项。

**第三步** 找到你想要上传的作品，并单击选中。

**第四步** 点击"打开"按钮。

## 创作作品的基础操作

### 添加角色

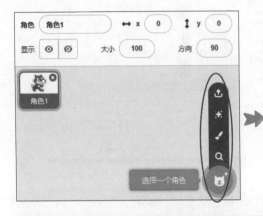

**第一步** 如果想要添加更多的角色，那么将鼠标指针移动到右下角的小猫头像处，从出现的列表中选择任意一种方式添加角色。从上往下添加角色的方式分别为从电脑中上传、随机选取、绘制、从角色库中选择。

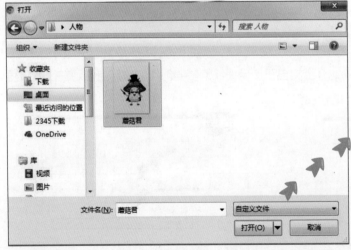

**第二步** 从电脑中上传：把自己计算机中的图片素材上传到Scratch中。选择该选项后，在弹出的对话框内选中自己想上传的图片，并点击"打开"按钮。

**第三步** 随机选取：从Scratch的角色库中随机挑选一个角色。如果你不知道自己想做什么主题的作品，那么可以使用这样的方式，就像抽奖一样，说不定就惊喜满满。

绘制：使用图形编辑器自己画一个角色，这个在下一章将会介绍。

从角色库中选择：就是打开Scratch的角色库去挑选角色。选择该选项后，会出现许多图片素材，上方有分类，你可以快速地找到自己想要的主题素材。

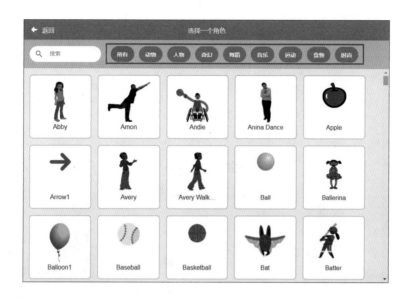

## 删除角色

有添加也就有删除，删除角色的方法有两种：一是直接选中角色，点击右上角的蓝色叉号；二是右击角色，在弹出的快捷菜单中选择"删除"选项。

## 角色的造型

有些角色会有多个造型，如选中这只小猫，点击"造型"标签页，你会看到里面有两只造型不一样的小猫。右击造型，可以对该造型进行删除或复制操作。另外，在左下角点击小猫头像，可以选择相应的方式添加造型。

## 添加、删除背景

添加背景的方式和添加角色的方式是类似的，所以不做过多的讲解。

删除背景时，需要选中背景区的背景图片，然后点击"背景"标签页，最后删除不想要的背景。

 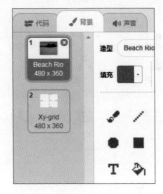 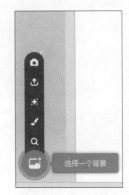

## 积木块的操作

用鼠标选中积木区中的积木块后，移动鼠标就可以将它拖动到脚本区。多个积木块进行搭建时，需要观察积木块的形状，确保两个积木块符合搭建规则。当你用一个积木块去靠近另一个积木块时，如果出现了形状一样的阴影，那么表示这两个积木块可以搭在一起，这时松开鼠标，两个积木块就会自动连接在一起。

如果想要删除积木块，那么拖动该积木块，重新放回积木区就可以了。也可以右击该积木块，在弹出的快捷菜单中选择"删除"选项。

上图中两个积木块，如果右击"说你好！2 秒"，那么只会删除这一个积木块；如果右击"当绿旗被点击"，那么会将两个积木块都删除。

**保存作品**

使用离线编辑器时，完成的作品需要保存到自己的计算机中，以便下次继续创作或向朋友、家人分享。如果你也有在线账号，那么可以将作品上传到自己的账号中，并分享给世界各地的 Scratch 爱好者。

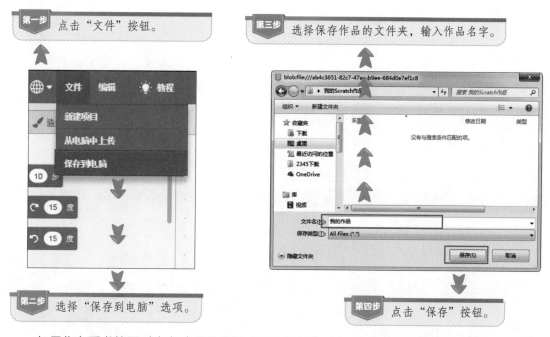

如果你在看书的同时也在动手跟着做，那现在应该对 Scratch 的基本操作已经了解了吧。通过后面章节的不断练习，你对它的运用也会越来越熟练的！做好开始创作的准备吧！

CHAPTER **3**

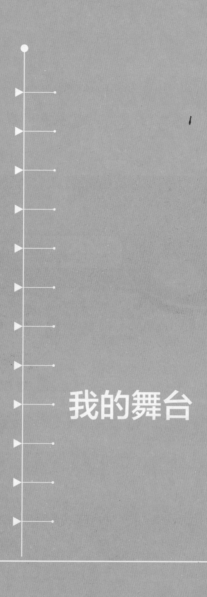

我的舞台

很多游戏中都会有一个挑选人物形象、挑选关卡或者场景的步骤。用 Scratch 创作项目也一样，你需要先选好角色、背景，然后给它们写各种功能的脚本。虽然 Scratch 自带的角色库和背景库为我们提供了很多风格各异的人物和场景，但是，这也并不能完全满足创作者的需求。

这一章将教大家如何使用 Scratch 中的图形编辑器设计一个属于自己的角色、背景。

## 位图与矢量图

位图是由被称为"像素"的点组成的，放大时，可以看见构成整个图像的小方块，看上去也就会变得模糊，也就是失真。

矢量图是由点、线、矩形、多边形、圆和弧线等元素组成的，可以在不失真的情况下被无限放大。

Scratch 中有两种图形编辑模式：① 位图模式；② 矢量图模式。

① 位图模式下的绘图工具有画笔、线段、圆、矩形、文本、用颜色填充、擦除、选择。

② 矢量图模式下的绘图工具有选择、变形、画笔、橡皮擦、填充、文本、线段、圆、矩形。除此以外，在绘图板的上方还多了组合、拆散、放置图层、复制、粘贴等图层编辑工具。当我们选择"绘制新角色"时，默认打开矢量图编辑模式。

① 位图模式

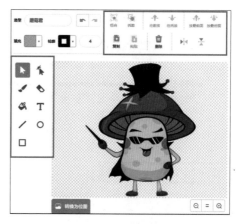

② 矢量图模式

## 设计一个角色

我设计的是一个名叫小未的机器人。正如本章开头他的自我介绍所说，他可以飞上太空、进入太空、探索太空。下面我会一步步教你如何将他画出来。

在位图模式中如果要修改部分图形，必须使用橡皮擦擦除后重新画，这并不适合画复杂的图形；而在矢量图模式中，可以随时对各个部分单独进行修改，功能更强大，而且图形更清晰，所以我直接选择矢量图模式来绘制。

### 新建一个项目

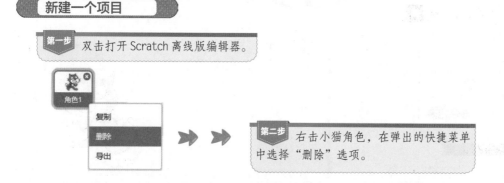

**第一步** 双击打开 Scratch 离线版编辑器。

**第二步** 右击小猫角色，在弹出的快捷菜单中选择"删除"选项。

**第三步** 将鼠标指针移动到角色区右下角的小猫头像处，选择一个角色。

**第四步** 点击"画笔"按钮，绘制新角色。

## 画一张大脸

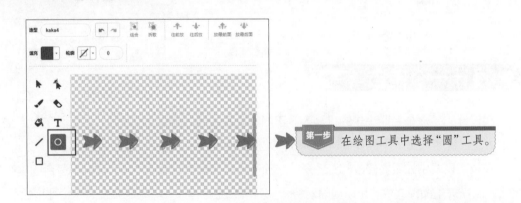

**第一步** 在绘图工具中选择"圆"工具。

**第二步** 依次设置填充色及轮廓颜色、轮廓粗细等。

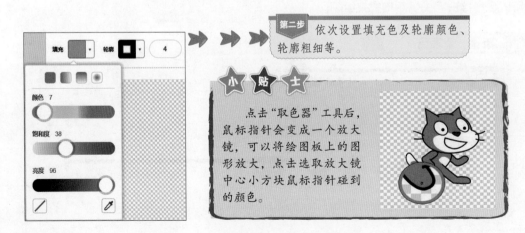

**小 贴 士**

点击"取色器"工具后，鼠标指针会变成一个放大镜，可以将绘图板上的图形放大，点击选取放大镜中心小方块鼠标指针碰到的颜色。

**第三步** 画出一个大大的圆形。

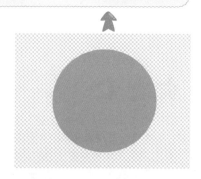

**小 贴 士**

画图时的辅助按键 Shift：

**Shift** ↑

画圆时按住它，可以画出正圆。
画矩形时按住它，可以画出正方形。
画线段时按住它，可以画出水平或垂直的线段。

**一双圆圆的大眼睛**

**第一步** 选择"圆"工具，画 4 个大小不同的圆。

**第二步** 拖动图形，组合成一只眼睛的样子。

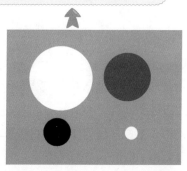

拖动

每一个图形都是一个图层。图层之间容易互相遮挡，你可以使用合适的工具移动图层。

 ：向前（向上）移动一层。

 ：向后（向下）移动一层。

 ：移到其他所有图层的最前面（移到最上面）。

 ：移到其他所有图层的最后面（移到最下面）。

接下来使用 "组合"工具把这 4 个圆形组合成一个图形，就像胶水一样，把它们全部粘在一起，这样在后面的绘画过程中就会方便很多。

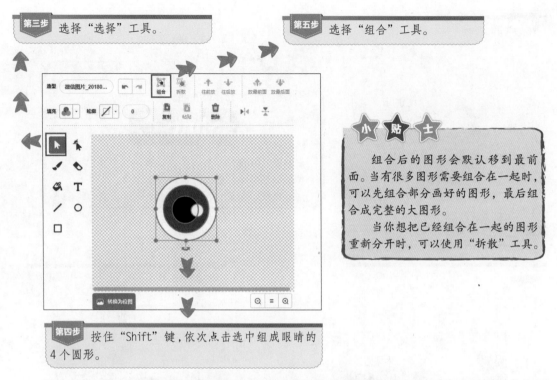

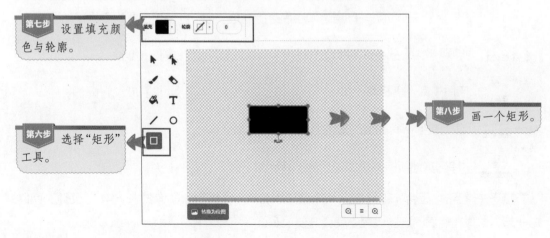

**第三步** 选择"选择"工具。

**第五步** 选择"组合"工具。

**第四步** 按住"Shift"键，依次点击选中组成眼睛的
4 个圆形。

**小 贴 士**

组合后的图形会默认移到最前面。当有很多图形需要组合在一起时，可以先组合部分画好的图形，最后组合成完整的大图形。

当你想把已经组合在一起的图形重新分开时，可以使用"拆散"工具。

　　眼睛上面还需要有眉毛哦。那是要用矩形画呢还是用圆形画呢？虽然说小未只是一个机器人，但是用一个规规矩矩的方形或者圆形作为眉毛那也太古怪了。

　　在矢量编辑模式中，还有一个强大的工具，可以把图形"变成"任何你想要的样子，当然这也得看你对这个工具的使用方法是否熟练了。这个工具就是"变形"。

**第七步** 设置填充颜色与轮廓。

**第八步** 画一个矩形。

**第六步** 选择"矩形"工具。

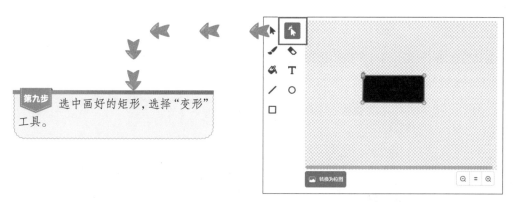

**第九步** 选中画好的矩形，选择"变形"工具。

此时矩形的 4 个顶角处会出现蓝色边缘的小圆点，拖动它们就可以改变图形的形状了。如果你想要更多的小圆点，只要在边缘上点击一下就可以。如果想要删除某个点，可以双击这个点。

**第十步** 拖动各个点，"变"出你想要的眉毛的样子。

现在只是画好了一侧的眉毛和眼睛，另一侧可以使用"复制"与"翻转"工具来实现。首先需要把眉毛和眼睛组合成一个图形。

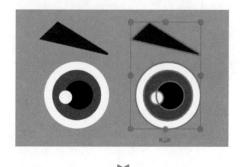

**第十一步** 按住"Shift"键，选中眉毛和眼睛，选择"组合"工具，然后选择"复制"工具，再选择"粘贴"工具得到右上图。

**第十二步** 选中其中一只眼睛，点击"水平翻转"按钮得到右上图。

## 设计一个头盔

　　头盔是我们保护自己的一个重要工具。小未作为一个可以飞上太空的机器人，当然也要有一个酷酷的头盔啦。

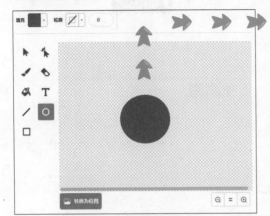

**第一步** 选择"圆"工具，画一个蓝色圆形。

**第二步** 选择"变形"工具，将圆形改造成贴合脑袋的形状（步骤同眉毛的变形方式，对定点进行拖动，拖动到合适的地方）。

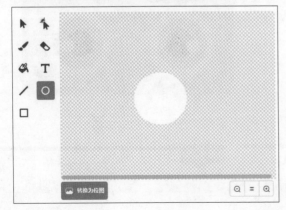

**第三步** 再次选择"圆"工具，画一个白色圆形。

**第四步** 选择"变形"工具，将圆形改造成头盔的形状。

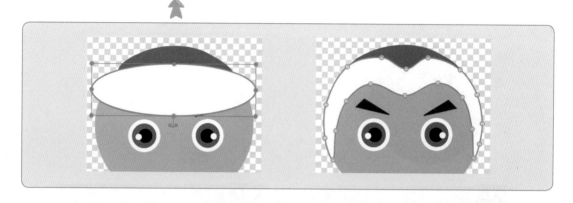

**第五步** 用同样的方法，在头盔与脸的交接处再加一个弯曲的图形，作为头盔的阴影部分。

　　头盔的基本形状已经有了，再加一些小物件吧，如在耳朵边画两个大耳罩，在头顶上画一个接收信号的接收器。毕竟现在是一个网络时代，机器人也会需要接收网络信号吧。

**第六步** 选择"圆"工具，画出两个大小不同的圆形，并将小圆放在大圆上面。

**第七步** 选择"变形"工具，将上面的小圆形变形，贴合大圆。

**第八步** 选择"矩形"工具，画出一个长方形（白色填充，轮廓透明）。

**第九步** 选择"变形"工具，将长方形变换形状。

**第十步** 将变换后的长方形放在刚才画的圆形下面，并组合在一起。

**第十一步** 复制组合后水平翻转。

**第十二步** 放置在头盔的两侧耳朵位置，并移至最下层。

**第十三步** 选择"圆"工具，画一个长长的圆和两个正圆。

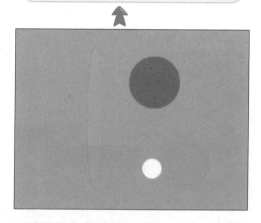

**第十四步** 组合成接收器的样子，放在头盔的上方。

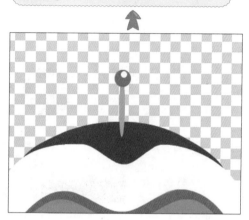

## 绘制小未的身体

**第一步** 选择"圆"工具，画一个蓝色圆形。选择"变形"工具，将圆形变换成身体的形状。

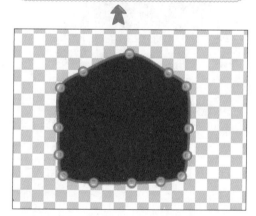

**第二步** 将画好的身体移到小未头部的下方位置。

我把小未设计成了一个头比身体还大的人物形象。在Scratch的世界里这并没有任何不妥，你甚至可以画一个只有脑袋的卡通形象。接下来要给小未加上双手双脚。作为一个机器人，他的手和脚可以用简单的圆形和矩形来组合，就像哆啦A梦一样，两只手是两个圆滚滚的球。当然，如果你想把他设计成有好几只手或好几只脚的机器人，那我也不会阻拦你的！

**第三步** 用"圆""矩形""变形"工具，画出组成四肢的各个图形。

**第四步** 组合出"手"和"脚"。

**第五步** 复制手和脚的图形，并水平翻转。

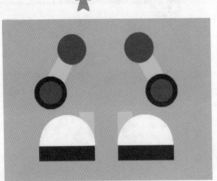

**第六步** 将四肢放置在合适的位置，并设置图层。

### 最后的修饰

小未到现在都还没有嘴巴和鼻子呢，可以用简单的线条来画。

笑脸、哭脸甚至是苦瓜脸，你都可以自行设计。除此以外，你还可以在它的身上加上任何修饰性的东西。

① 用"线段""变形"等工具，给小未加上鼻子和嘴巴。

② 添加属于你的机器人标志。

③ 添加你喜欢的任何修饰。

## 设计一个背景

人类对于太空的探索从未停止过。现在已经知道木星、土星、天王星、海王星是气态巨行星，也就是由气体组成的。还有火星，太阳系最高的山峰奥林帕斯山，以及最大的峡谷水手号峡谷都在火星上，2018 年还在火星上发现了第一个液态水湖。

现在，你想象一下你的机器人飞上太空后会看见一幅怎样的景象呢？是高耸的峡谷，还是错落的环形山，或是无垠的平原？

### 绘制新背景

**第一步** 在新建背景的 4 个按钮中，选择"画笔"工具，绘制新背景。

**第二步** 选择"矩形"工具，设置填充颜色、轮廓颜色及轮廓粗细，画一个占据整个舞台的大矩形。

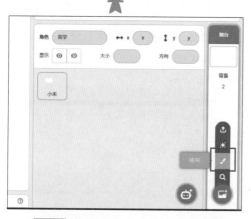

**第三步** 选择"填充"工具，选择第 4 种中心渐变的填充方式。

**第四步** 再选择一种颜色接近的蓝色，对矩形重新填充颜色。

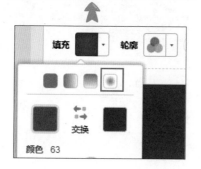

## 小未停留的星球

**第一步** 选择"圆"工具，设置星球颜色，画出一个大大的圆形，这就是小未在太空中可以暂时停留的星球。

**第二步** 拖动圆形周围的小方块，尽可能放大图形，并将画好的圆形摆放在下边缘处，即使超出绘图板的范围也没有关系，因为舞台上只会显示绘图板范围内的图形。

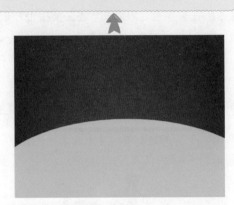

感觉现在画的是一个巨大的气球，那这个星球上会有什么东西呢？我觉得月球上的环形山很好看，那么现在就把它画到这个星球上！还记得前面小未的眼睛是怎样画的吗？通过几个大小不同的圆叠加而成的是吧，现在要用类似的方法来画环形山了！

**第三步** 选择"圆"工具，画两个颜色不一样的实心圆，重叠放置。

**第四步** 选中两个圆形，选择"组合"工具。

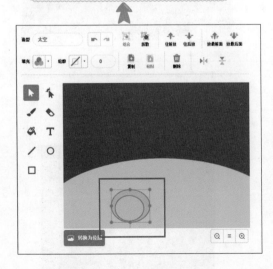

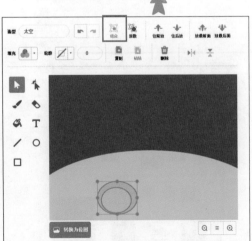

**第五步** 选择"复制"工具，添加更多的环形山，并调整大小，在星球上随意放置。

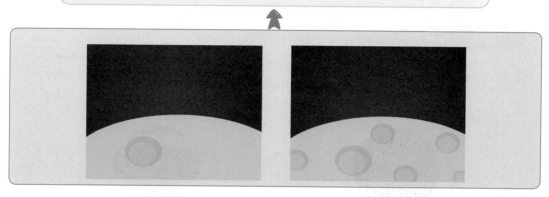

## 太空中的小星球

广阔的太空中怎么可能只有这一个星球呢？再画一个表面布满环形山的小星球吧，毕竟前面刚画完，我想你一定不会这么快就忘记它的画法的。

**第一步** 选择"圆"工具，按住"Shift"键，画出一个亮黄色的正圆。

**第二步** 按照前面的方法，给这颗小星球添加几个环形山。

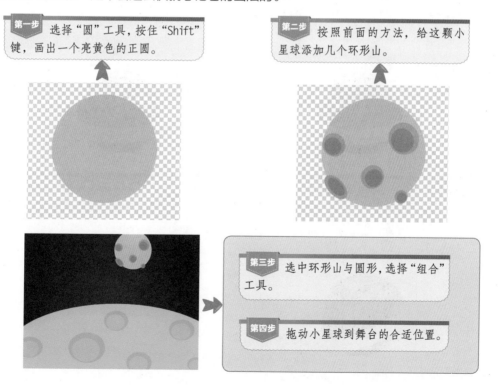

**第三步** 选中环形山与圆形，选择"组合"工具。

**第四步** 拖动小星球到舞台的合适位置。

在所有的星球中，我最喜欢的就是土星了！因为它带着一个巨大的光环，特别壮观。所以我也要画一个自带光环的星球放在这里面。

**第五步** 选择"圆"工具，设置颜色后按住"Shift"键，画出一个实心的棕色圆形，设置填充色为透明，轮廓色为黄色，轮廓粗细为 30。

**第六步** 画出一个黄色的空心圆。

光环的上半部分应该是要被星球遮挡住的，但是如果直接将光环的图层下移，前半部分也会被遮挡住，这时可以另外画一个图形，把上半部分遮住。

**第七步** 选择和星球相同的颜色，画一个大小合适的圆形。

**第八步** 选择"变形"工具，将圆变形，使它能遮挡住部分光环。

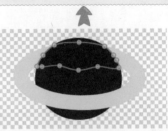

**第九步** 在星球上添加一些小小的实心圆，进行修饰，组合该星球的所有图形。

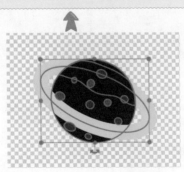

**第十步** 将画好的星球移动到舞台上合适的位置（有些图形角度可用"旋转"工具进行微调）。

画好的这几个都是比较大的星球，或者是距离比较近的。一些更小的星球或者距离非常远的星球怎么画呢？其实可以直接画小圆点，就像我们看到的星星一样，小小的。

第十一步　选择"铅笔"工具，设置颜色，在图形上单击，画出一个个大小不同的小圆点。

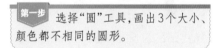
一架小飞船

在科幻片里会出现外星人乘坐的 UFO（Unidentified Flying Object，不明飞行物），而人类目前前往太空使用的是载人航空飞船。可以发挥自己的想象力，给小未设计一架小飞船。

第一步　选择"圆"工具，画出3个大小、颜色都不相同的圆形。

第二步　将三个圆形重叠放置，并设置好图层。

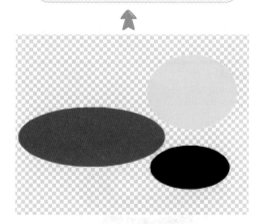

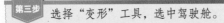

第三步 选择"变形"工具，选中驾驶舱。

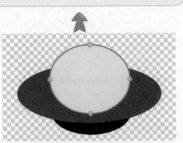

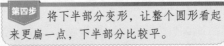

第四步 将下半部分变形，让整个圆形看起来更扁一点，下半部分比较平。

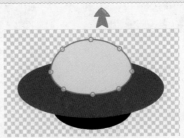

第五步 选择"线段"工具，画出两条短短的线段，作为飞船停留时的支架。

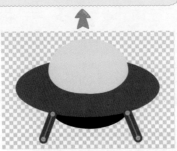

第六步 按住"Shift"键，选中画好的两条线段，点击"放最后面"按钮。

为了让这架飞船看上去更立体、更生动，接下来我要在它的表面添加一点点修饰。由于接下来绘制的图形比较小，你可以点击右下角带有"+"的放大镜，放大绘图的视图，这种放大方法不会影响图形的实际大小。

第七步 选择白色，画一个细细长长的圆形。

第八步 选择"变形"工具，将圆变成一个贴近飞船边缘的弧形。

**第九步** 在驾驶舱上画一个白色的直线，选择"变形"工具，将直线变成一段贴近驾驶舱边缘的弧形。

**第十步** 组合所有的图形，并将飞船放置在合适的位置。

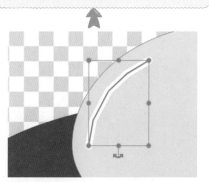 

现在，我的机器人及他停留的星球上的场景已经全部完成了。如果你现在也跟我一样把自己想象中的场景都画出来了，那么我相信你对矢量图形的绘制方法一定也已经基本掌握了！

关于 Scratch 中角色、背景的绘制方法已经讲解完了，现在舞台上的画面是静止的。下一章将介绍外观与运动模块，使用一些小小的积木块，可以让角色动起来哦！

CHAPTER **4**

保卫地球

上一章中我们绘制了自己的角色和背景，最终呈现的 Scratch 作品画面是静止的。在这一章中，小未将驾驶飞船飞向太空，开始太空之旅，并执行第一个任务——保卫地球。其中将要学习 Scratch 中的外观模块与运动模块，实现舞台场景的切换，并让角色动起来。

小未肩负着保卫地球的重大任务，所以他经常会需要乘坐飞船去太空，围着地球绕上几圈。你可以先思考一下等会儿可能会用到什么角色和背景，每个角色又会需要什么样的造型。

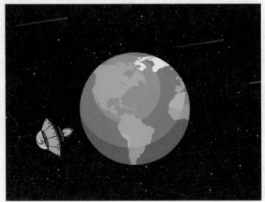

## 外观模块

外观模块中的积木块主要负责控制角色的大小、造型切换、图形特效、是否在舞台上显示、说话 / 思考的气泡等。对于舞台来说，外观模块则控制背景的切换功能。

### 设置项目初始背景

游戏最开始，小未是站在地面上的。因此，我们需要通过设置背景让他站在"地面"背景上。

小 贴 士

当一个作品中包含多个背景时，需要在恰当的时候根据背景名称、背景编号来切换。

根据背景名称将舞台切换到指定背景。

根据背景编号切换到下一个背景。

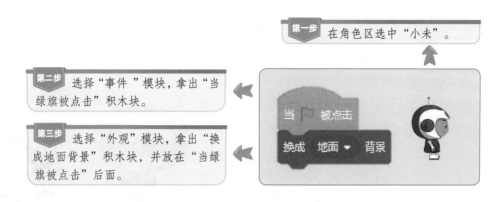

**第一步** 在角色区选中"小未"。

**第二步** 选择"事件"模块,拿出"当绿旗被点击"积木块。

**第三步** 选择"外观"模块,拿出"换成地面背景"积木块,并放在"当绿旗被点击"后面。

### 显示与隐藏

　　无论是游戏、动画还是舞台表演,其中的人物角色都不会永远待在舞台上,都会有出场、退场的设置。Scratch 的舞台看上去并不大,如果一个项目中有十几个甚至更多角色,那么在恰当的时间使用 "显示"与"隐藏"积木块就尤为重要。

　　地面上的小未是没有驾驶飞船的,而到太空中后小未驾驶着飞船。走路和坐飞船的是两个角色,所以开始时走路的小未显示,转移到太空中后,走路的小未消失,坐飞船的小未出现。

所有带"▲"标志的积木块,都可以打开相应的列表。

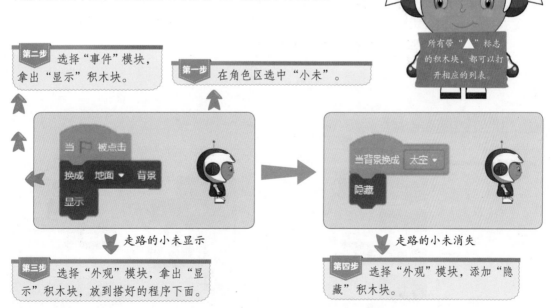

**第二步** 选择"事件"模块,拿出"显示"积木块。

**第一步** 在角色区选中"小未"。

走路的小未显示

**第三步** 选择"外观"模块,拿出"显示"积木块,放到搭好的程序下面。

走路的小未消失

**第四步** 选择"外观"模块,添加"隐藏"积木块。

### 设置小未初始大小

下图中，小未和蘑菇君的大小均为 100，但是在舞台上小未明显比蘑菇君更大，这是因为在"造型"标签页的图形编辑器中，小未的初始大小更大。

新角色导入项目中时，往往需要利用合适的积木块调整大小。

**第一步** 在角色区选中"小未"。

**第二步** 选择"外观"模块，在绿旗触发的程序中添加"将大小设为100"积木块。

**第三步** 修改原始数字 100，将小未设定到合适的大小。

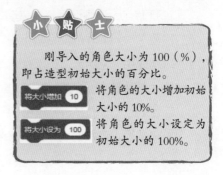

★ 小 贴 士 ★

刚导入的角色大小为 100（%），即占造型初始大小的百分比。

将角色的大小增加初始大小的 10%。

将角色的大小设定为初始大小的 100%。

### 设置小未初始造型

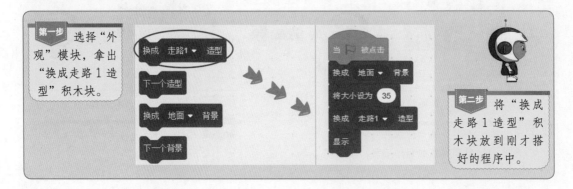

**第一步** 选择"外观"模块，拿出"换成走路1造型"积木块。

**第二步** 将"换成走路1造型"积木块放到刚才搭好的程序中。

## 让小未动起来

动画是通过连续播放一系列画面，给视觉造成连续变化的图画。人类具有"视觉暂留"的特性，就是说人的眼睛看到一幅画或一个物体后，它在 1/24 秒内不会消失。利用这一原理，在一幅画还没有消失前播放出下一幅画，就会给人造成一种流畅的视觉变化效果。

现在我要制作小未走路的动画效果，那么会需要下面 4 个造型。

**第一步** 选择"控制"模块，拿出"重复执行"积木块。

**第二步** 选择"外观"模块，将"下一个造型"积木块放到"重复执行"中。

**第三步** 拿出"等待 1 秒"积木块，并将数字 1 修改为 0.2。

**第四步** 将"等待 0.2 秒"积木块放到"重复执行"中。

执行程序后，观察小未的变化！你还可以尝试将"等待 0.2 秒"这个积木块拿走，对比两段程序的执行效果。

## 说话和思考

可能你会很奇怪，为什么角色说话的功能也需要在外观模块中实现，平时我们说话不都是发出声音来说的吗？这是因为在 Scratch 中，角色的说话功能是通过说话气泡来实现的，而不是像平时我们说话那样是通过声音来表达的。当然，在 Scratch 中也可以添加声音，这需要在后面的章节中学习。

现在要教小未开口说话了！

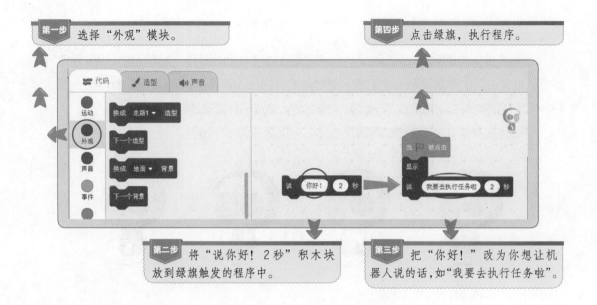

第四步 点击绿旗，执行程序。

第二步 将"说你好！2秒"积木块放到绿旗触发的程序中。

第三步 把"你好！"改为你想让机器人说的话，如"我要去执行任务啦"。

代码　造型　声音

运动
外观
声音
事件

换成 走路1 ▼ 造型
下一个造型
换成 地面 ▼ 背景
下一个背景

当 ▶ 被点击
显示
说 我要去执行任务啦 2 秒

说 你好！ 2 秒

　　该气泡会持续 2 秒，你也可以设置成其他的时间。如果想要让角色一直说话，那么可以使用"说你好！"积木块。点击红灯可以结束说话，让气泡消失。

　　让角色思考的方法也是一样的，只是舞台上的气泡形状不一样而已，你可以自己尝试让角色思考。

**图形特效与图层**

　　使用 Scratch 中的图形特效可以让角色在舞台上有更多的外观变化。

我要去执行任务啦！

说话的积木块一定要放在"显示"下面哦！先显示再说话！

| 种类 | 特效强度 = 80 | 种类 | 特效强度 = 80 | 种类 | 特效强度 = 80 |
|---|---|---|---|---|---|
| 颜色 |  | 马赛克 |  | 像素化 |  |
| 鱼眼 |  | 亮度 |  | 无特效 |  |
| 漩涡 |  | 虚像 |  | | 清除图形特效<br>直接清除该角色的所有特效 |

　　绘制角色时，多个图形之间有上下层的关系，最上层的图形不会被其他角色遮挡。

　　舞台上的角色之间也有图层关系，如果想让某个角色不被其他任何角色遮挡，那么可以使用"移到最前面"积木块，也可以使用"前移 1 层"积木块设置角色的图层。

　　移到最 前面 ▾ ：将角色移到最前面，不被其他角色遮挡。

　　前移 ▾ 1 层 ：将角色向前 / 向后移动 1 层。

　　左下图中，红色矩形在最前面，蓝色矩形在第 2 层，绿色矩形在第 3 层。将绿色矩形移到最前面，则变成右下图的情景。

在动画中，你可以合理地使用图形特效、设置角色的图层，使动画效果更好！

## 飞船的外观初始设置

小未的外观设置基本已经完成了，项目中还有一个"飞船"的角色！

当舞台背景为地面时，飞船是空的，进入太空后飞船里面就有小未坐着啦。这可以通过造型切换来实现。对于角色的大小，大家可以自己设置。

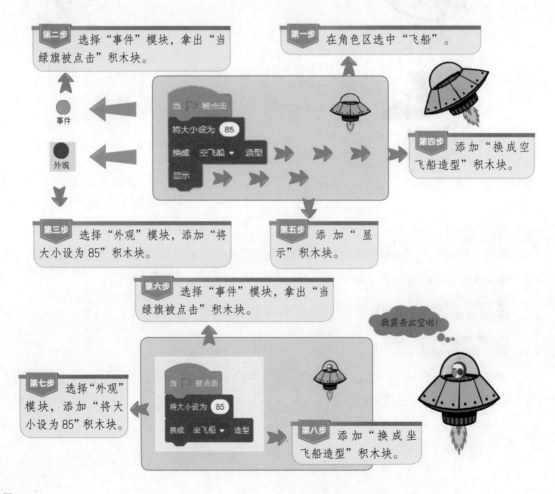

第二步 选择"事件"模块，拿出"当绿旗被点击"积木块。

第一步 在角色区选中"飞船"。

第三步 选择"外观"模块，添加"将大小设为85"积木块。

第四步 添加"换成空飞船造型"积木块。

第五步 添加"显示"积木块。

第六步 选择"事件"模块，拿出"当绿旗被点击"积木块。

我要去太空啦！

第七步 选择"外观"模块，添加"将大小设为85"积木块。

第八步 添加"换成坐飞船造型"积木块。

# 运动模块

运动模块主要控制角色在舞台上的方向与位置变化。当你选中的是舞台时，运动模块中是没有任何积木块的，因为舞台是静止的，不可以移动。

## 确定小未的行走方向

舞台上的小未是面向右边的，明明他的飞船是在左边呀！现在要先修改他的方向，我可不想让他找不到自己的飞船。

所有角色的初始方向默认为"面向 90 方向"，即面向右边。在"造型"标签页中，角色各个造型的方向都应该是面向右边的，否则在使用改变方向的积木块时会达不到预想的效果。

Scratch 中分别用数字 0、180、-90、90 代表上下左右，点击"面向 90 方向"积木块中的数字，会出现选择方向的圆盘，圆盘中的箭头所指的方向就是角色面向的方向。

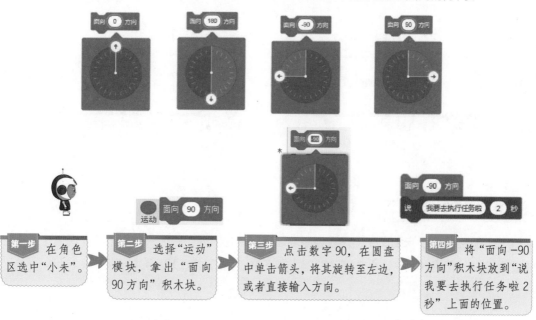

第一步　在角色区选中"小未"。

第二步　选择"运动"模块，拿出"面向 90 方向"积木块。

第三步　点击数字 90，在圆盘中单击箭头，将其旋转至左边，或者直接输入方向。

第四步　将"面向 -90 方向"积木块放到"说我要去执行任务啦 2 秒"上面的位置。

### 调整小未的旋转方式

如果你刚才已经搭建好了脚本，并点击绿旗执行程序，现在会发现，小未竟然倒立了！其实这是"旋转方式"在作怪。

角色有 3 种旋转方式：任意旋转、左右翻转和不可旋转。不同的旋转方式下，即使方向相同，舞台上显示的结果也会不同。

现在，我们要将小未的旋转方式调整过来，具体操作如下。

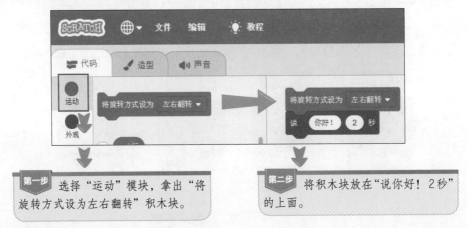

第一步　选择"运动"模块，拿出"将旋转方式设为左右翻转"积木块。

第二步　将积木块放在"说你好！2秒"的上面。

### 让小未向前移动

做了这么多，小未到现在还是只会原地踏步！这是因为，目前只让小未在外观上有了走路的造型变化，但是并没有让小未移动位置。接下来让我们对这段程序进行修改。

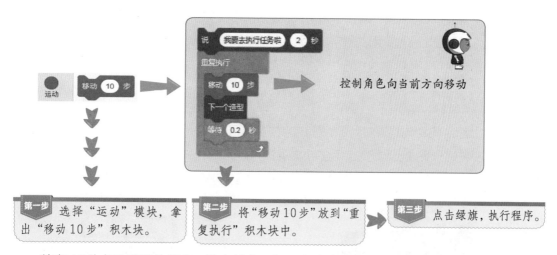

控制角色向当前方向移动

**第一步** 选择"运动"模块，拿出"移动10步"积木块。

**第二步** 将"移动10步"放到"重复执行"积木块中。

**第三步** 点击绿旗，执行程序。

　　数字10为每次移动的距离，数字越大，每一次移动的距离也就越远。但是建议不要改成999这种特别大的数字，不然角色很有可能会离开舞台。如果设置为负数，那么角色会向相反的方向移动。

**让小未停下来**

　　小未虽然会向前走，但是不会停不下来，甚至会直接穿过飞船！这是因为我们使用了"重复执行"积木块，现在要把它换掉，具体操作如下。

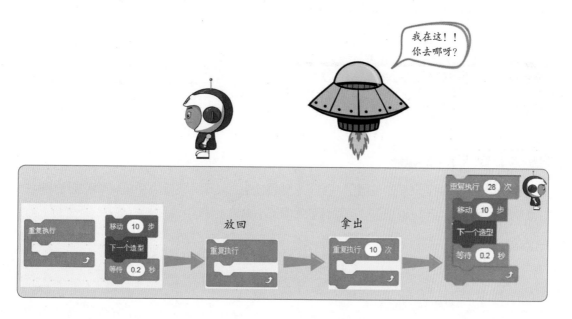

这里要"重复执行 28 次"是由小未与飞船的距离决定的，距离越远，次数越多。你在修改数字时，可以多尝试一些不同的数字，对比效果，然后选择最合适的一个。

关于"重复执行"和"重复执行 10 次"两个积木块的用法会在后面的章节中详细介绍。

### 固定初始位置

校运会上都会有跑步比赛的项目，各个参赛选手需要在起点位置做好准备，当发令员一声令下时，大家才能一齐冲出起跑线。我的小未虽然可以向左走，但是再次点击绿旗时，他也会继续移动，直到碰到舞台的边缘。我希望他能再聪明一些，每次点击绿旗时会先自觉地回到右边。

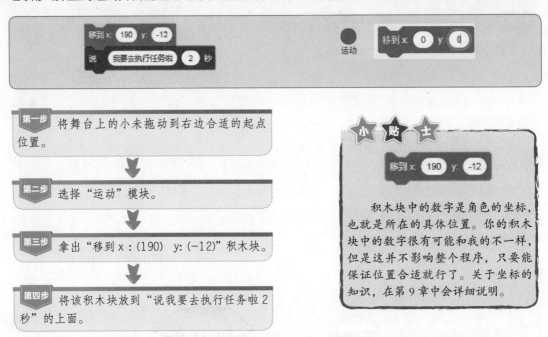

第一步　将舞台上的小未拖动到右边合适的起点位置。

第二步　选择"运动"模块。

第三步　拿出"移到 x：(190)　y：(-12)"积木块。

第四步　将该积木块放到"说我要去执行任务啦 2秒"的上面。

**小贴士**

移到 x: 190 y: -12

积木块中的数字是角色的坐标，也就是所在的具体位置。你的积木块中的数字很有可能和我的不一样，但是这并不影响整个程序，只要能保证位置合适就行了。关于坐标的知识，在第 9 章中会详细说明。

### 乘上飞船来到太空

小未终于顺利到达飞船的位置了，接下来他就该坐上飞船，飞向太空啦！舞台需要切换到"太空"，而小未也可以退场了，因为驾驶飞船的小未该上场了！

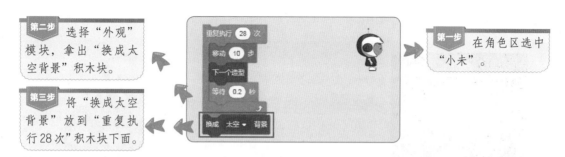

第二步 选择"外观"模块，拿出"换成太空背景"积木块。

第三步 将"换成太空背景"放到"重复执行28次"积木块下面。

第一步 在角色区选中"小未"。

点击绿旗，执行程序后，最终会看到小未在太空中驾驶着飞船，正准备围绕地球旋转。

**飞船的位置与方向**

前面给小未设置了初始位置与方向，飞船当然也需要。因为后面飞船会围绕地球旋转，点击绿旗重新开始后，飞船需要回到地面的起点位置。以后所有项目中的所有角色都会需要这一步骤，这最好成为你的小习惯。

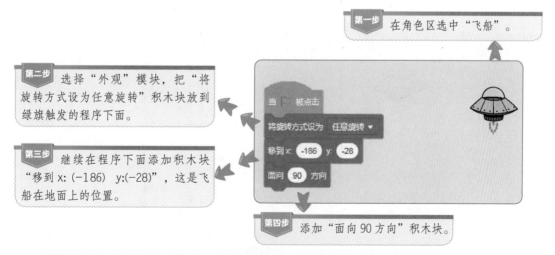

第一步 在角色区选中"飞船"。

第二步 选择"外观"模块，把"将旋转方式设为任意旋转"积木块放到绿旗触发的程序下面。

第三步 继续在程序下面添加积木块"移到 x: (-186) y:(-28)"，这是飞船在地面上的位置。

第四步 添加"面向 90 方向"积木块。

地面上的飞船是面向右边的，到太空中后，如果想让飞船顺时针旋转，面向右边的飞船会在地球的最上面位置出现。

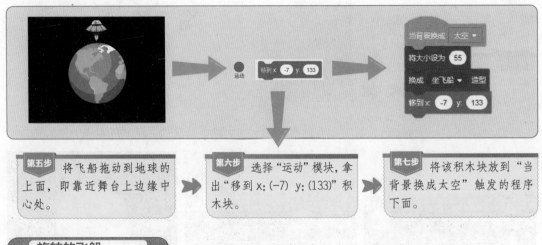

**第五步** 将飞船拖动到地球的上面，即靠近舞台上边缘中心处。

**第六步** 选择"运动"模块，拿出"移到 x: (−7) y: (133)"积木块。

**第七步** 将该积木块放到"当背景换成太空"触发的程序下面。

## 旋转的飞船

飞船围绕地球旋转的过程中，一边移动，一边改变方向。

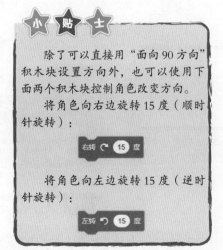

**小 贴 士**

除了可以直接用"面向90方向"积木块设置方向外，也可以使用下面两个积木块控制角色改变方向。

将角色向右边旋转15度（顺时针旋转）：

将角色向左边旋转15度（逆时针旋转）：

　　飞船绕的圈的大小是由移动和旋转中的两个数字共同决定的。移动的步数越小，旋转角度越小时，圈越大。

　　小末的太空之旅终于开始了，我们的第一个动画小短片也大功告成啦！快去保存和分享吧！

# CHAPTER 5

太空钢琴

早期的电影中只有画面，影片本身是不会发出任何声音的，这就跟我们上一章做的动画一样，只能通过人物的动作与场景的切换来表现一个故事主题。到 20 世纪初期，好莱坞一家电影公司拍摄的《纽约之光》有声电影出现，电影里的人物可以通过声音来表达自己，还有各种音效渲染气氛，从此有声电影逐渐代替了无声电影并成为主流。

这一章将学习如何在 Scratch 中添加声音与音乐，还可以自己给 Scratch 中的角色配音。

舞台上有 8 个星球，分别代表音符 do、re、mi、fa、so、la、si、do，按键盘上的数字键，小未会飞到星球上弹奏出对应的音符。舞台中有多个背景，星球在每个背景中的造型不同。点击舞台时，会切换到下一个场景，同时乐器的种类也会发生改变。

## ● 声音模块

利用声音模块，可以给背景和角色添加多种不同的音效。在声音库中有动物的鸣叫声、乐器发出的声音、循环音乐等各种声音。当声音库中的音效无法满足我们的创作需求时，可以上传音效或者进行录音。上传音效的操作并不困难，完全可以自己独立完成，这里将主要介绍录音的方法及声音编辑器的功能。

### 让小未介绍项目

点击绿旗时，小未需要先向用户简单介绍项目中的基础操作，如点击小未可以唱歌、点击舞台切换场景、按数字键弹奏音乐。通过上一章的学习，你一定能让小未把这些话用气泡的方式说出来了吧。

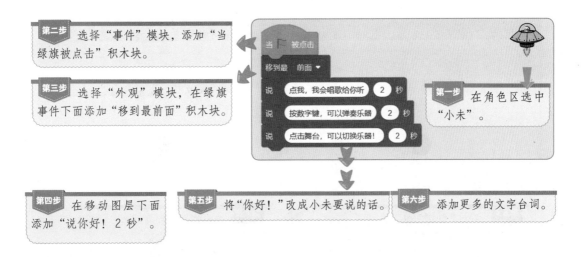

**第二步** 选择"事件"模块，添加"当绿旗被点击"积木块。

**第三步** 选择"外观"模块，在绿旗事件下面添加"移到最前面"积木块。

当 ▶ 被点击

移到最 前面 ▾

说 点我，我会唱歌给你听 2 秒

说 按数字键，可以弹奏乐器 2 秒

说 点击舞台，可以切换乐器！ 2 秒

**第一步** 在角色区选中"小未"。

**第四步** 在移动图层下面添加"说你好！2 秒"。

**第五步** 将"你好！"改成小未要说的话。

**第六步** 添加更多的文字台词。

### 录音

说话的画面效果有了，接下来要给小未配音，让他"说"出这几句话。由于自带的声音库中并没有这几句话的配音，因此现在需要自己录音。

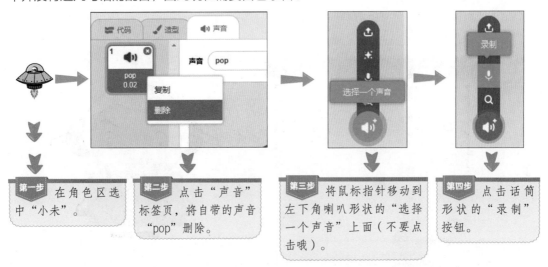

**第一步** 在角色区选中"小未"。

**第二步** 点击"声音"标签页，将自带的声音"pop"删除。

**第三步** 将鼠标指针移动到左下角喇叭形状的"选择一个声音"上面（不要点击哦）。

**第四步** 点击话筒形状的"录制"按钮。

第一次在 Scratch 中使用录音功能时，会跳出一个对话框，让你选择是否允许使用麦克风，这时一定要选择"是"，否则 Scratch 就不能获取你的声音进行录制。允许之后，就可以开始录音了。

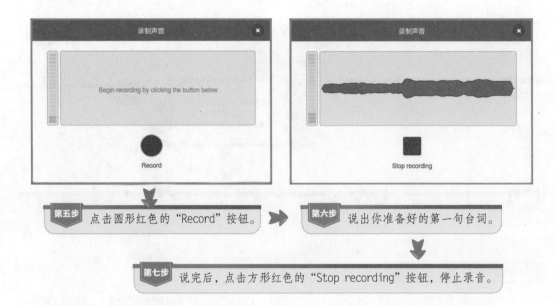

第五步 点击圆形红色的"Record"按钮。 ➡ 第六步 说出你准备好的第一句台词。

第七步 说完后，点击方形红色的"Stop recording"按钮，停止录音。

这时声音已经录制好了，你可以点击三角形蓝色的"播放"按钮，试听录音效果。如果觉得不合适，可以点击左下角的"重新录制"按钮；如果满意自己的录音，那么可以点击右下角的"保存"按钮。

可以尝试用相同的方法完成其他台词的录音。

### 编辑声音

当"声音"标签页中有多个声音时，我们要对每一条声音进行重命名，这是为了在写脚本时能快速找到自己需要的声音。

**第一步** 选中"recording1"。

**第二步** 在"声音"文本框中删除"recording1"，并输入方便自己区分各个录音的名称，如给小未说的第一句话命名为"台词1"。

按照此方法可完成对其他声音的重命名。

我们现在把自己的声音给了小未，但是小未是一个机器人呀！他说话的声音会和人类一模一样吗？我觉得有必要让小未的声音更机械化一点。

**第三步** 选中"台词1"。

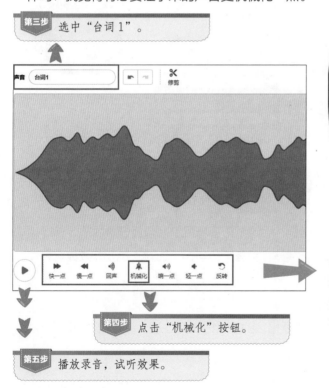

**第四步** 点击"机械化"按钮。

**第五步** 播放录音，试听效果。

声音编辑按钮
快一点：加快声音播放速度。
慢一点：减慢声音播放速度。
回声：制造出有回声的声音效果。
机械化：变成机器发出的声音。
响一点：提高声音响度。
轻一点：减小声音响度。
反转：让声音倒着播放。

撤销与重做
撤销（箭头向左）：撤销上一步操作。
重做（箭头向右）：还原上一步操作。

## 播放声音

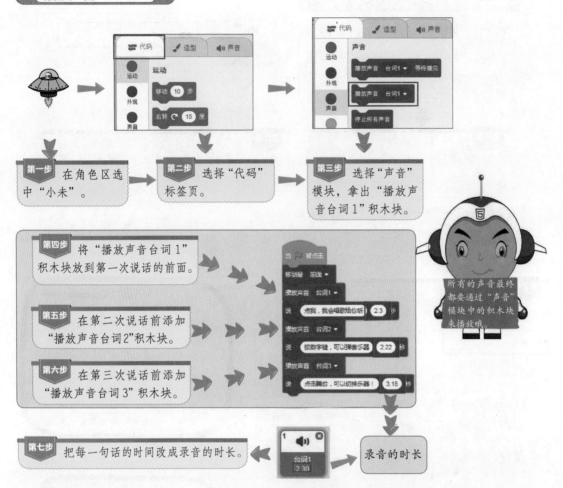

**第一步** 在角色区选中"小未"。

**第二步** 选择"代码"标签页。

**第三步** 选择"声音"模块，拿出"播放声音台词1"积木块。

**第四步** 将"播放声音台词1"积木块放到第一次说话的前面。

**第五步** 在第二次说话前添加"播放声音台词2"积木块。

**第六步** 在第三次说话前添加"播放声音台词3"积木块。

**第七步** 把每一句话的时间改成录音的时长。

录音的时长

所有的声音最终都要通过"声音"模块中的积木块来播放哦。

程序是从上往下执行的，"播放声音台词1"这个指令一旦控制录音开始播放，就继续执行下面的说话脚本。台词1的录音时长是2.3秒，那么第一句说话的时长也要修改成2.3秒，这样听到的声音和看到的说话气泡才会同步。

在声音模块中，还有一个积木块指令"播放声音……等待播完"，这个积木块和"说……2秒"一样，规定了执行该指令的时间。如果要播放的声音时长为5秒，那么程序会等待5秒，5秒之后再执行下面的其他指令。

### 让小未唱歌

当点击小未时，小未会唱歌。你可以充分发挥自己的创意，想一想小未会唱什么歌，然后将你唱歌的声音录制到 Scratch 中，进行编辑修改。

首先在角色区中选中"小未"，在"声音"标签页中用录音的方法录制一段唱歌的声音，并按照我们前面学会的方法对声音进行编辑修改；接着，执行下面的操作让小未唱歌。

**第一步** 点击"代码"标签页。

**第二步** 选择"事件"模块，拿出"当角色被点击"积木块。

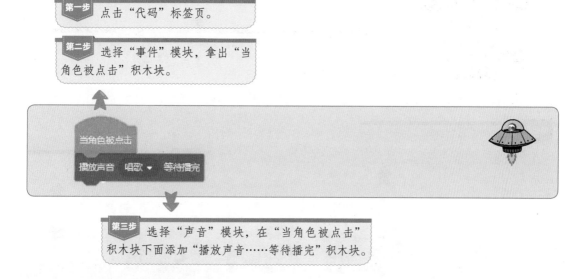

**第三步** 选择"声音"模块，在"当角色被点击"积木块下面添加"播放声音……等待播完"积木块。

## ● 音乐模块

音乐模块中有许多乐器，如钢琴、电子琴、吉他、长笛及各种打击乐器。你可以选择任何一个你擅长的乐器，在 Scratch 的舞台上举办你的个人音乐会！

### 乐器切换

本章的项目中，舞台里的每一个背景都代表一种乐器。当点击舞台时，可以切换背景和乐器。

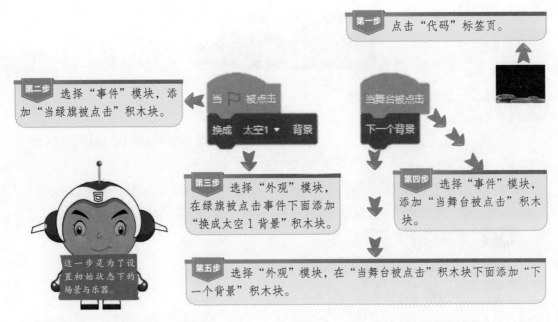

**第一步** 点击"代码"标签页。

**第二步** 选择"事件"模块，添加"当绿旗被点击"积木块。

当 ▶ 被点击
换成 太空1 ▼ 背景

当舞台被点击
下一个背景

**第三步** 选择"外观"模块，在绿旗被点击事件下面添加"换成太空 1 背景"积木块。

**第四步** 选择"事件"模块，添加"当舞台被点击"积木块。

这一步是为了设置初始状态下的场景与乐器。

**第五步** 选择"外观"模块，在"当舞台被点击"积木块下面添加"下一个背景"积木块。

星球在每个背景中的造型是不一样的，下面要给各个星球搭建切换造型的脚本。

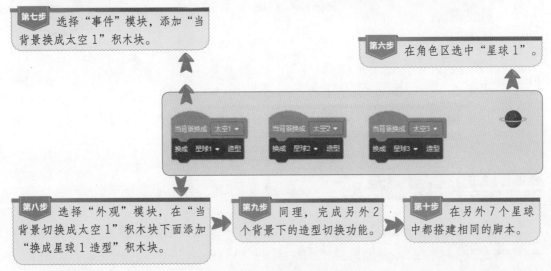

**第七步** 选择"事件"模块，添加"当背景换成太空 1"积木块。

**第六步** 在角色区选中"星球 1"。

当背景换成 太空1 ▼
换成 星球1 ▼ 造型

当背景换成 太空2 ▼
换成 星球2 ▼ 造型

当背景换成 太空3 ▼
换成 星球3 ▼ 造型

**第八步** 选择"外观"模块，在"当背景切换成太空 1"积木块下面添加"换成星球 1 造型"积木块。

**第九步** 同理，完成另外 2 个背景下的造型切换功能。

**第十步** 在另外 7 个星球中都搭建相同的脚本。

弹奏音符的功能是由小未完成的，所以设定乐器的过程也要在小未的代码区中实现。在这一步中，你可以设定任何你喜欢的乐器。

**第十一步** 在角色区选中"小未"。

**第十二步** 选择"事件"模块，添加"当背景换成太空1"积木块。

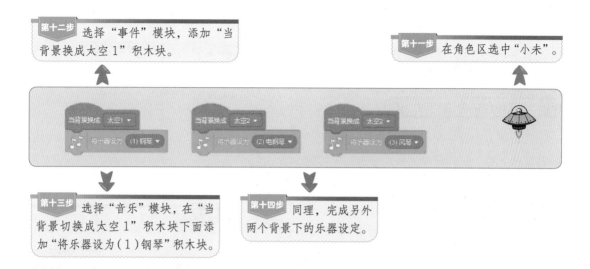

**第十三步** 选择"音乐"模块，在"当背景切换成太空1"积木块下面添加"将乐器设为(1)钢琴"积木块。

**第十四步** 同理，完成另外两个背景下的乐器设定。

### 音符弹奏

当按下数字键1，小未会飞到对应的"星球1"上面，然后弹奏出"do"的音符。

**第一步** 在角色区选中"小未"。

**第二步** 选择"事件"模块，添加"当按下1键"积木块。

**第三步** 选择"运动"模块，在按下1键事件下面添加"移到星球1"积木块。

**第四步** 选择"音乐"模块，在移动位置下面添加"演奏音符60 0.5拍"积木块。

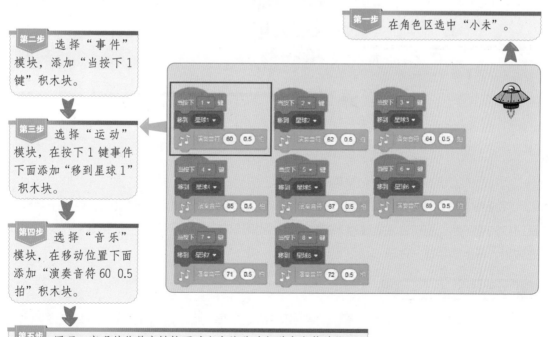

**第五步** 同理，实现其他数字键按下时小未的移动与弹奏音符功能。

在 Scratch 中，"do、re、mi、fa、so、la、si、do"分别由数字"60、62、64、65、67、69、71、72"表示。积木块中的 0.5 代表拍数，数字越大，该音符的弹奏时间越长，节奏也就越慢，你可以试听一下不同拍数下的弹奏效果。

### 丰富角色的外观特效

还记得上一章中讲过的图形特效吗？在这一章中可以给星球添加图形特效，当小末飞到某一颗星球上时，这颗星球的外观会有一些变化，如颜色改变了。

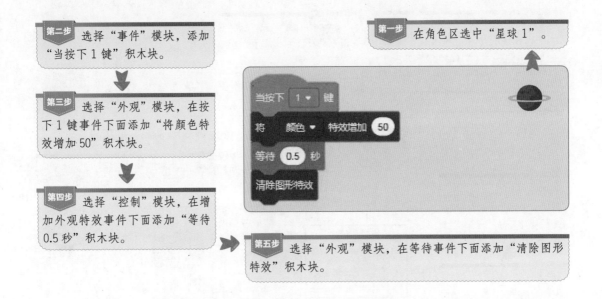

用相同的方法实现其他 7 个星球的脚本吧。

完成脚本后，当你按下数字键 1~8 时，舞台上对应的星球也会发生变化；当小末弹奏完其对应的音符后，星球会恢复成原来的样子。你也可以使用多种不同的图形特效制作更酷的动态效果，马上动手试一试吧。

### 文字朗读

在拓展模块中，有一个模块为"文字朗读"，这个模块也可以让你的项目开口说话。

该模块中共有 3 个积木块。

**文字朗读**
让你的项目开口说话

: 将需要朗读的内容输入该积木块中，执行该脚本时即可朗读。

: 设置朗读的声音（音色）。

: 设置朗读的语言。

但是该模块目前仍有一定的局限性，如暂不支持中文朗读。另外，在执行"朗读hello"积木块时，会等要朗读的内容朗读结束后再执行后面的积木块脚本，与"播放声音等待播完"的效果是一样的。

# CHAPTER 6

一场意外

我们每个人都有自己的好朋友，小未作为一个智能机器人，也有自己的伙伴。这一天，他们约好了在小未的家里一起玩耍。但是，朋友在赴约的路上却遇到了外星人！

想一想，如果你在上下学的路上碰到了外星人，你会是什么反应呢？你会主动和外星人说话吗？如果他把你抓走了，你首先会做什么？

在这一章，我们就要来制作一个小未的朋友在路上偶遇外星人并被外星人带走的动画，其中将要完成朋友与外星人对话后被抓走，以及小未收到朋友的求救信号。

## 事件

事件是一个动作，而且是用户触发的动作。有一天，你在家里做完了作业，然后打开手机玩起了游戏。那么，"打开手机"就是一个动作，这个动作让手机里的一些程序开始运行。放在 Scratch 里，就相当于你点击了舞台上方的绿旗。除了点击绿旗外，点击角色、点击舞台等行为也都属于事件，当这些事件发生时，"事件"模块中的相关积木块就可以触发一段程序。

### 初始场景

当点击绿旗时，我们会先看到小未的朋友在路上遇到了外星人的场景。舞台背景中有两个背景图，一个是朋友遇到外星人的"户外"背景，另一个是小未在家收到朋友求救信号的"室内"背景。

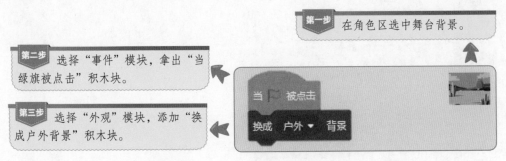

**第一步** 在角色区选中舞台背景。

**第二步** 选择"事件"模块，拿出"当绿旗被点击"积木块。

**第三步** 选择"外观"模块，添加"换成户外背景"积木块。

当 ▶ 被点击
换成 户外 ▼ 背景

在这一幕场景中，需要在舞台上显示的角色有乘坐 UFO 的外星人和朋友。可以先拖动角色，将他们放到舞台的合适位置。"外星人"有两个造型，一个是自己坐在飞船里的造型，另一个是抓走朋友后的造型，此时需要以第一个造型显示。朋友在显示时，还应该面向外星人。剩下的两个角色"小未"和"电脑"则需要先设定为隐藏状态。

首先，对"外星人"角色进行编辑。

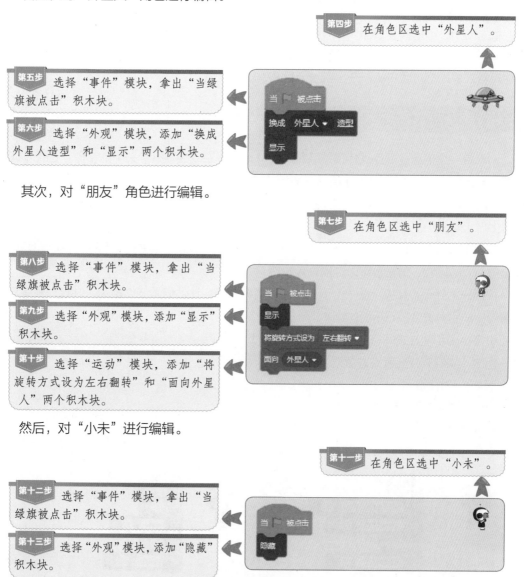

**第四步** 在角色区选中"外星人"。

**第五步** 选择"事件"模块，拿出"当绿旗被点击"积木块。

**第六步** 选择"外观"模块，添加"换成外星人造型"和"显示"两个积木块。

其次，对"朋友"角色进行编辑。

**第七步** 在角色区选中"朋友"。

**第八步** 选择"事件"模块，拿出"当绿旗被点击"积木块。

**第九步** 选择"外观"模块，添加"显示"积木块。

**第十步** 选择"运动"模块，添加"将旋转方式设为左右翻转"和"面向外星人"两个积木块。

然后，对"小未"进行编辑。

**第十一步** 在角色区选中"小未"。

**第十二步** 选择"事件"模块，拿出"当绿旗被点击"积木块。

**第十三步** 选择"外观"模块，添加"隐藏"积木块。

最后，对"电脑"进行编辑。

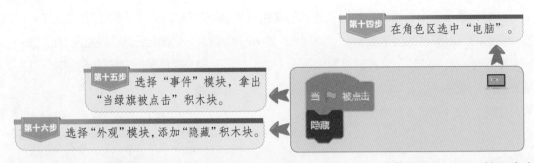

第十四步 在角色区选中"电脑"。

第十五步 选择"事件"模块，拿出"当绿旗被点击"积木块。

第十六步 选择"外观"模块，添加"隐藏"积木块。

以上都是"当绿旗被点击"这件事情发生时需要实现的功能。场景布置好之后，接下来实现朋友与外星人的对话功能，并学习一个新知识——消息。

## 消息

消息是一个信息，而且是传递给系统的信息。很多游戏会有挑选关卡的步骤，选择不同的关卡会进入不同的场景。如果你用 Scratch 来制作这样一个游戏，那么就会用到消息。当点击按钮时，广播消息给所有角色和背景，第一关中需要出现的角色和背景接收到这个消息后，会马上做出响应。

广播消息可以实现多个角色之间的信息交互。同一个消息可以由多个角色广播，也可以由多个角色同时接收，背景也可以广播、接收消息。

广播消息并等待是指广播一个消息给角色或者背景，让他们做某件事情，并且一直等到所有事情完成后再继续执行下面的脚本。

设定小未和朋友之间有下面这样一次对话。

小未："明天我在家举办派对，你来一起玩吧。"

朋友："好啊！"

小未："那我们明天见！"

朋友："明天见。"

在 Scratch 中实现的其中一种方法如下图所示。

当小未在说话时，朋友对应的指令是"等待4秒"，这是因为小未连续说了两句话，每句话2秒，所以一共要等待4秒。这里的"等待"相当于"倾听"功能。在生活中，别人在说话时，我们也要认真听呀！

使用这种方法来实现对话会有一个很大的缺点：当要修改其中一个角色说话的内容或时间时，往往另一个角色也需要做出相应的修改，否则可能会出现对话不连贯的情况。而用广播消息并等待的方法便可以解决这个问题。

我用事件模块中的"广播消息并等待"修改了上图中的脚本，同样可以实现这段对话。你也可以按照示例搭建脚本来验证一下！

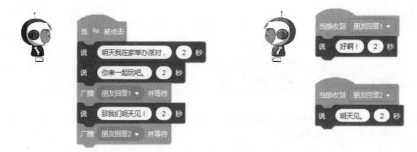

由于朋友有两次回答，这两次回答时说的话不一样，因此这里要用两个不同的消息。例如，"朋友回答1"表示朋友接收到这个消息后要做出第一次回答，"朋友回答2"则表示朋友接下来要做出第二次回答。消息的名称与说话的内容可以无关，但是一定要简洁清楚，要让自己查阅积木块脚本时知道这个消息的作用是什么。

下面一起来制作朋友与外星人的对话吧！

## 朋友与外星人的对话

首先确定两个角色的对话内容。我觉得看见外星人的朋友是非常紧张、害怕的，说话也会结结巴巴。外星人想把朋友骗走，而朋友并不愿意，然后外星人就强行带走了朋友。他们的对话内容是这样的：

朋友："你……你……是谁？"

外星人："别害怕，我带你去一个好玩的地方吧！"

朋友："不……我不去。"

外星人："不去也得去！"

当然，你也完全可以自己设计对话的内容，并不要求你的对话和这里一模一样，我相信你能设计出更有趣的对话。设计好之后，继续搭建积木块脚本。

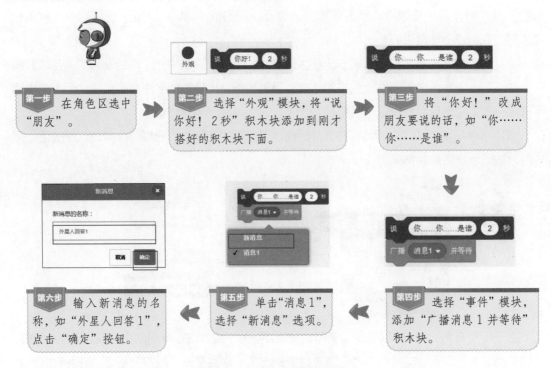

当"朋友"发送广播之后，开始对"外星人"进行编辑。

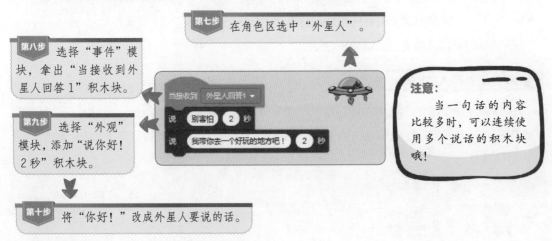

当外星人说完话之后，再切换回"朋友"。

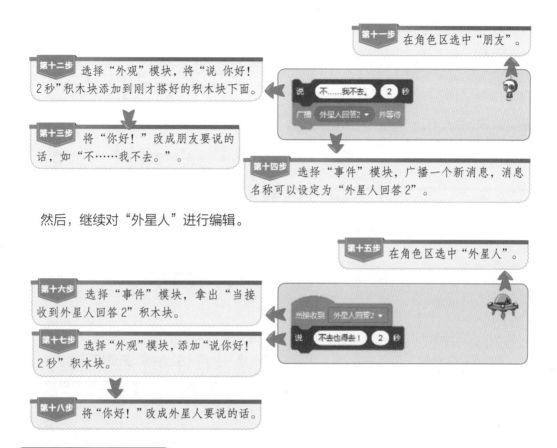

**第十一步** 在角色区选中"朋友"。

**第十二步** 选择"外观"模块，将"说 你好！2秒"积木块添加到刚才搭好的积木块下面。

**第十三步** 将"你好！"改成朋友要说的话，如"不……我不去。"。

**第十四步** 选择"事件"模块，广播一个新消息，消息名称可以设定为"外星人回答2"。

然后，继续对"外星人"进行编辑。

**第十五步** 在角色区选中"外星人"。

**第十六步** 选择"事件"模块，拿出"当接收到外星人回答2"积木块。

**第十七步** 选择"外观"模块，添加"说你好！2秒"积木块。

**第十八步** 将"你好！"改成外星人要说的话。

## 外星人抓走朋友

外星人恶狠狠地说完最后一句话后，就把小未的朋友抓进了自己的飞船中。这里又会需要使用消息控制故事的流程。由外星人广播一个新消息"将朋友抓走"。

下面一起来搭建积木块脚本。

**第一步** 在角色区选中"外星人"。

**第二步** 选择"事件"模块，拿出"广播……并等待"积木块。

**第三步** 建立一个新消息，如"将朋友抓走"。

小未的朋友接收到这个消息后需要隐藏。为了避免动画效果过快，可以使用"等待1秒"积木块控制。

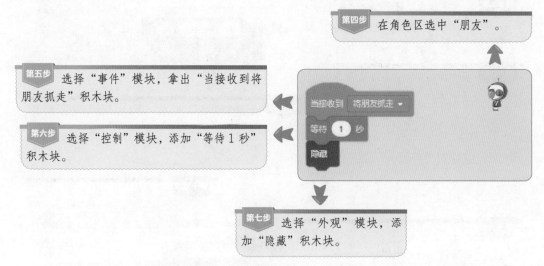

第四步　在角色区选中"朋友"。

第五步　选择"事件"模块，拿出"当接收到将朋友抓走"积木块。

第六步　选择"控制"模块，添加"等待1秒"积木块。

第七步　选择"外观"模块，添加"隐藏"积木块。

而外星人在小未的朋友隐藏之后，会切换到另外一个名为"外星人2"的造型。在这个造型中，飞船里坐着外星人和朋友两个人。你可以自己点开外星人的造型标签页看一看。

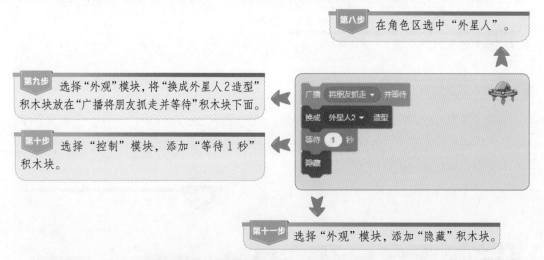

第八步　在角色区选中"外星人"。

第九步　选择"外观"模块，将"换成外星人2造型"积木块放在"广播将朋友抓走并等待"积木块下面。

第十步　选择"控制"模块，添加"等待1秒"积木块。

第十一步　选择"外观"模块，添加"隐藏"积木块。

这样一来，外星人就能在朋友隐藏后马上自动切换成已经把朋友抓走了的造型，然后1秒之后全部消失。

朋友被抓走后虽然非常害怕，但她还是趁着外星人不注意偷偷与小未联系，希望小未能前去救她。所以故事该转到下一幕啦！我们可以使用"广播消息"来转换场景。

"广播消息"是广播一个消息给角色或背景，让他们做某件事情，但是无论对应的事情是否完成，都会马上继续执行下面的脚本。

为了便于对比，我把前面小未与朋友对话的脚本稍作修改，将"广播……并等待"全部改成"广播……"。由于消息名称并没有修改，因此朋友的脚本不用做任何修改。

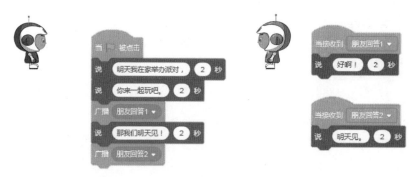

看一下执行结果，小未的前两句话不会受到任何影响。

从朋友做出第一次回答这里开始受到影响。左下图为修改前的执行效果，右下图为修改后的执行效果。当朋友在说"好啊！"时，小未没等朋友说完就说了"那我们明天见！"。我想这样并不礼貌，你觉得呢？

可以使用"广播……"的方法来实现和使用"广播……并等待"一样的效果。我们可以让朋友说完话后也广播一个消息,如"小未回答",小未左接收到这个消息后做出回答,脚本如下。

### 切换背景

外星人带着朋友离开,即"隐藏"是前面执行到的最后一个积木块,接下来也就从这里开始继续搭建积木块脚本。

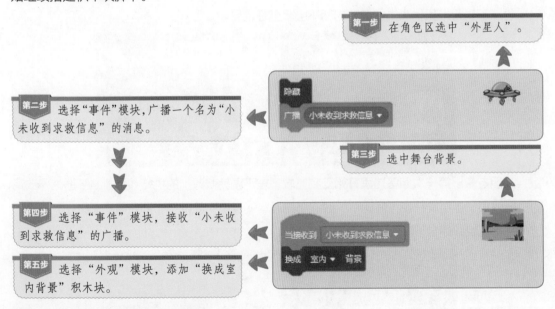

第一步　在角色区选中"外星人"。

第二步　选择"事件"模块,广播一个名为"小未收到求救信息"的消息。

第三步　选中舞台背景。

第四步　选择"事件"模块,接收"小未收到求救信息"的广播。

第五步　选择"外观"模块,添加"换成室内背景"积木块。

### 小未收到"SOS"信息

当舞台切换到室内背景后,角色"小未"与"电脑"就该上场了!电脑上会显示朋友发送来的"SOS",而小未看见这个消息后十分惊讶,又不知道发生了什么事情。

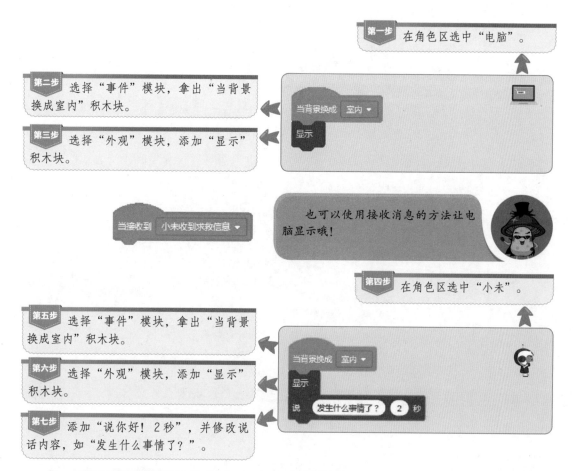

**第一步** 在角色区选中"电脑"。

**第二步** 选择"事件"模块，拿出"当背景换成室内"积木块。

**第三步** 选择"外观"模块，添加"显示"积木块。

当背景换成 室内 ▼
显示

当接收到 小未收到求救信息 ▼

也可以使用接收消息的方法让电脑显示哦！

**第四步** 在角色区选中"小未"。

**第五步** 选择"事件"模块，拿出"当背景换成室内"积木块。

**第六步** 选择"外观"模块，添加"显示"积木块。

**第七步** 添加"说你好！2秒"，并修改说话内容，如"发生什么事情了？"。

当背景换成 室内 ▼
显示
说 发生什么事情了？ 2 秒

这一章的故事到这里也就结束了。那么朋友到底被外星人抓到哪里去了呢？小未又是否能顺利找到朋友并把她救出来呢？将在下一章揭晓答案哦！

CHAPTER **7**

月球营救

　　小未收到了朋友发来的求救消息后非常着急，马上开始寻找朋友的下落，最终他发现朋友被外星人带到了月球上。面对凶狠的外星人，朋友十分害怕。于是小未马上启动飞船，前去营救朋友。当小未到达月球后，朋友一点也不害怕了，因为她觉得小未肯定可以战胜外星人！果然，在与外星人展开了一场激烈的搏斗后，外星人灰溜溜地逃走了，于是小未带着朋友回家了。

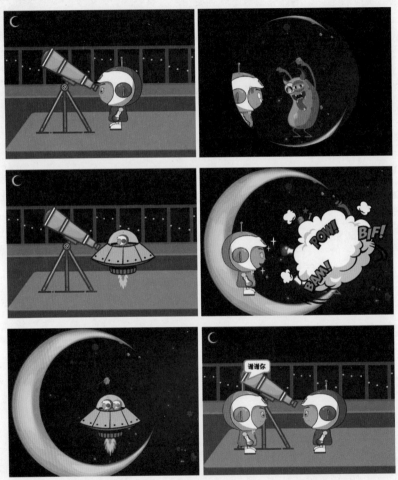

● 第一幕

　　当小未收到消息后，马上给朋友回复了消息，但是却再也得不到任何回复。他想朋友应该是陷入了困境，无法使用通信工具来发送消息，所以小未选择用望远镜寻找朋友的下落。

## 寻找朋友的小末

这一幕的场景是在阳台上。

**第一步** 选中舞台背景。

**第二步** 选择"事件"模块，添加"当绿旗被点击"积木块。

**第三步** 选择"外观"模块，添加"换成阳台背景"积木块。

**第四步** 在角色区选中"小末"，将小末拖动到舞台上望远镜右边的合适位置。

**第五步** 选择"事件"模块，添加"当绿旗被点击"积木块。

**第七步** 添加"将旋转方式设为左右翻转"积木块，设定小末的旋转方式。

**第八步** 添加"面向 -90 方向"积木块，设定小末的初始方向为面向左边。

**第九步** 选择"外观"模块，添加"换成站立造型"与"显示"积木块。

**第六步** 选择"运动"模块，添加"移到 x:( ) y:( )"。

### 发现朋友

当小未发现自己的朋友时，他又惊喜又担忧，惊喜是因为能马上去找她了；担忧是因为外星人正张着血盆大口面对着朋友，朋友的处境十分危险。为了营造出惊讶的氛围，还可以在这里添加音效。

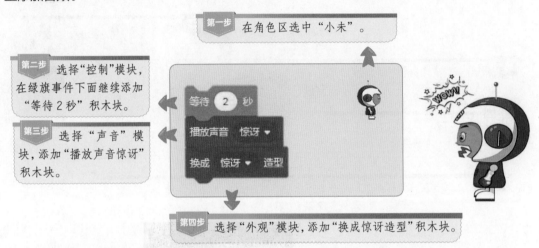

第一步 在角色区选中"小未"。

第二步 选择"控制"模块，在绿旗事件下面继续添加"等待2秒"积木块。

第三步 选择"声音"模块，添加"播放声音惊讶"积木块。

第四步 选择"外观"模块，添加"换成惊讶造型"积木块。

注意，第二步是为了控制故事的发展速度，毕竟如果小未刚出现在舞台上就马上发现自己的朋友遇到了困难，不太符合常理。当然，具体等待几秒你可以根据自己的想法来设置。

### 切换到望远镜视角

我们接下来就切换到望远镜的视角，来看一下此时此刻在月亮上发生的事情。

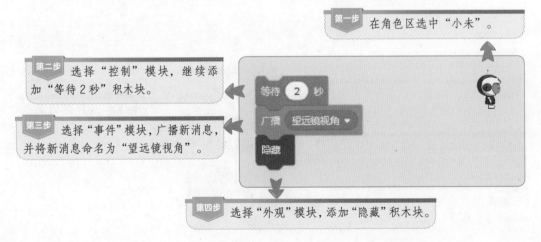

第一步 在角色区选中"小未"。

第二步 选择"控制"模块，继续添加"等待2秒"积木块。

第三步 选择"事件"模块，广播新消息，并将新消息命名为"望远镜视角"。

第四步 选择"外观"模块，添加"隐藏"积木块。

在切换到望远镜的视角之前，朋友和外星人都是隐藏状态；当切换到望远镜视角后他们才会显示，同时背景切换成月亮上的场景。

**第五步** 选中舞台背景。

**第六步** 选择"事件"模块，添加"当接收到望远镜视角"积木块。

**第七步** 选择"外观"模块，添加"换成月亮背景"积木块。

然后对"朋友"角色进行编辑。

**第八步** 在角色区选中"朋友"。

**第九步** 选择"事件"模块，添加"当绿旗被点击"积木块。

**第十步** 选择"外观"模块，添加"隐藏"积木块。

**第十一步** 选择"事件"模块，添加"当接收到望远镜视角"积木块。

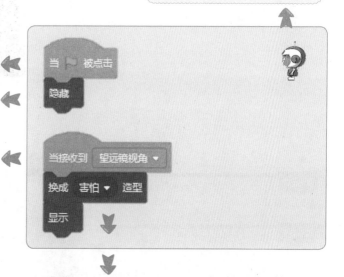

**第十二步** 选择"外观"模块，在接收消息事件下面添加"换成害怕造型"和"显示"积木块。

给外星人添加点击绿旗时隐藏，接收到望远镜视角的消息后显示的脚本如下图所示。

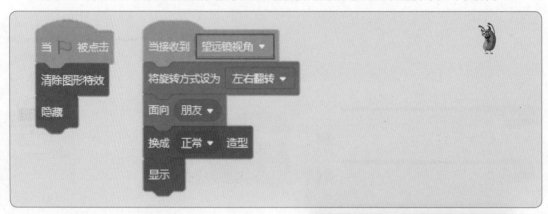

在角色区有一个"望远镜"角色，但它只是一张中间镂空的黑色的"纸"，这是为了制作望远镜视角。中间镂空的部分是小未透过望远镜能看见的范围，周围黑色的部分是视野盲区。

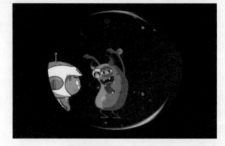

第十三步 在角色区选中"望远镜"。

第十四步 添加"当绿旗被点击"与"隐藏"积木块。

第十五步 添加"当接收到望远镜视角""移到最前面""显示"积木块。

第十六步 选择"声音"模块，添加"播放声音紧张"积木块。

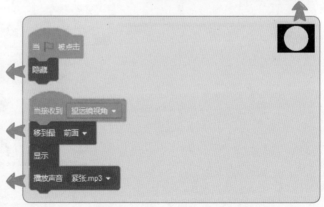

在"望远镜"角色中有很多造型，连续切换这些造型可以制作出小未眨眼的动画效果。现在你可以感受一下自己的眨眼过程，"眨眼"这个动作是非常快的，眼睛处于睁开状态的时间相对会比较久。

**第十七步** 选择"控制"模块，在"播放声音紧张"下面添加"重复执行"积木块。

**第十八步** 选择"外观"模块，将"换成1造型"积木块放在"重复执行"中。

**第十九步** 选择"控制"模块，继续添加"等待2秒"积木块。

**第二十步** 选择"控制"模块，添加"重复10次"积木块，并将参数"10"修改为"17"。

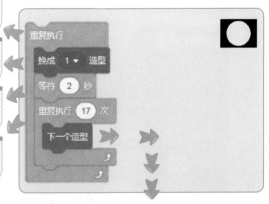

**第二十一步** 选择"外观"模块，将"下一个造型"积木块放到"重复执行17次"中。

注意，这个"等待2秒"是睁眼状态的时间，2秒结束后，小未要眨一次眼睛。"望远镜"总共有18个造型，包括闭眼与睁眼的全部过程，从第1个造型切换到第18个造型，因此总共需要切换17次下一个造型。

### 凶狠的外星人

作为反派角色，外星人当然会有一些令人害怕的技能了。例如，这个外星人会从手心里喷出类似火焰一样的东西，感觉随时都有可能伤害小未的朋友。

**第一步** 在角色区选中"外星人"。

**第二步** 选择"外观"模块，在"重复执行"中添加"换成喷火造型"积木块。

**第三步** 选择"声音"模块，添加"播放声音攻击.mp3等待播完"积木块。

**第四步** 选择"外观"模块，添加"换成不喷火造型"积木块。

**第五步** 选择"控制"模块，添加"等待1秒"积木块。

要想实现两次喷火，选择"控制"模块，用"重复执行2次"把上次的4个积木块包起来，并放在"显示"下面，就可以啦。

这样就可以看见
外星人喷两次火。

## 第二幕

小未发现朋友遇难后，马上驾驶着自己的飞船前去营救朋友。当他到达月亮上面后，马上和外星人开始了战斗！

### 向月亮出发

此时，舞台要从望远镜视角切换回阳台上，小未已经坐上了飞船，做好了前去营救朋友的准备。

每一个情节之间需要通过消息串在一起。刚才故事发生到外星人正朝着朋友喷火展示自己的威力，当他喷火结束后，广播消息给舞台及其他角色，开始下一个情节。

第一步 在角色区选中"外星人"。

第二步 选择"事件"模块，在"重复执行2次"下面广播一个新消息，并将消息命名为"小未准备去救人"。

广播 小未准备去救人 ▾

隐藏

第三步 选择"外观"模块，添加"隐藏"积木块。

朋友和外星人也需要隐藏，而且前面播放的音效也要停止，可以使用"声音"模块中的"停止所有声音"积木块。

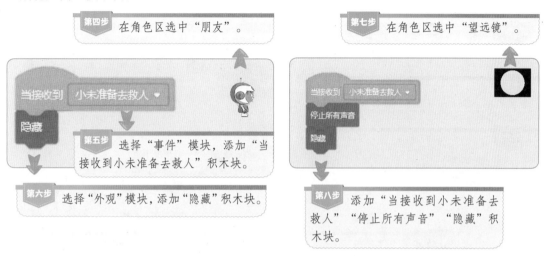

第四步 在角色区选中"朋友"。

第五步 选择"事件"模块，添加"当接收到小未准备去救人"积木块。

第六步 选择"外观"模块，添加"隐藏"积木块。

第七步 在角色区选中"望远镜"。

第八步 添加"当接收到小未准备去救人""停止所有声音""隐藏"积木块。

然后进行舞台背景的切换。

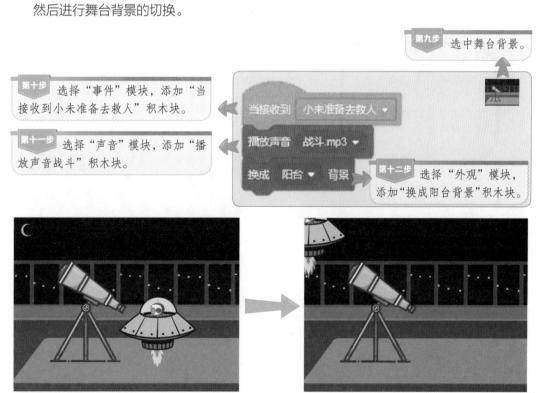

第九步 选中舞台背景。

第十步 选择"事件"模块，添加"当接收到小未准备去救人"积木块。

第十一步 选择"声音"模块，添加"播放声音战斗"积木块。

第十二步 选择"外观"模块，添加"换成阳台背景"积木块。

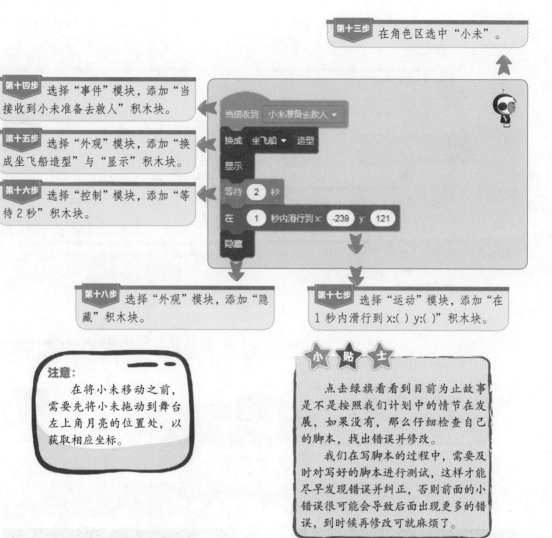

第十三步 在角色区选中"小未"。

第十四步 选择"事件"模块，添加"当接收到小未准备去救人"积木块。

第十五步 选择"外观"模块，添加"换成坐飞船造型"与"显示"积木块。

第十六步 选择"控制"模块，添加"等待2秒"积木块。

当接收到 小未准备去救人 ▾

换成 坐飞船 ▾ 造型

显示

等待 2 秒

在 1 秒内滑行到 x: -239 y: 121

隐藏

第十八步 选择"外观"模块，添加"隐藏"积木块。

第十七步 选择"运动"模块，添加"在1秒内滑行到 x:( ) y:( )"积木块。

小 贴 士

注意:
　　在将小未移动之前，需要先将小未拖动到舞台左上角月亮的位置处，以获取相应坐标。

　　点击绿旗看看到目前为止故事是不是按照我们计划中的情节在发展，如果没有，那么仔细检查自己的脚本，找出错误并修改。
　　我们在写脚本的过程中，需要及时对写好的脚本进行测试，这样才能尽早发现错误并纠正，否则前面的小错误很可能会导致后面出现更多的错误，到时候再修改可就麻烦了。

**到达目的地**

　　很快小未就来到了月亮上，朋友看见小未出现十分惊喜，而外星人发现后，马上转向了小未，张牙舞爪。

**第一步** 在角色区选中"小未"。

**第二步** 选择"事件"模块,广播一个名字为"到达目的地"的新消息积木块。

**第三步** 将舞台上的小未拖动到外星人边上的合适位置。如果此时小未已经隐藏了,那么在角色区选中小未,然后点击眼睛形状的"显示"按钮。

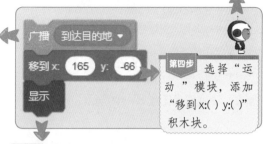

**第四步** 选择"运动"模块,添加"移到x:( ) y:( )"积木块。

**第五步** 选择"外观"模块,添加"显示"积木块。

接着,对舞台背景进行编辑。

**第七步** 选择"事件"模块,添加"当接收到到达目的地"积木块。

**第八步** 选择"外观"模块,添加"换成月亮背景"积木块。

**第六步** 选中舞台背景。

**第十步** 选择"事件"模块,添加"当接收到到达目的地"积木块。

**第十一步** 选择"外观"模块,添加"换成惊喜造型"和"显示"积木块。

**第九步** 在角色区选中"朋友"。

**第十三步** 选择"事件"模块,添加"当接收到到达目的地"积木块。

**第十四步** 选择"外观"模块,添加"换成攻击造型"和"显示"积木块。

**第十五步** 选择"运动"模块,添加"面向小未"积木块。

**第十六步** 选择"声音"模块,添加"播放声音攻击"积木块。

**第十二步** 在角色区选中"外星人"。

### 与外星人的战斗

如果要做两个角色的整个战斗过程，那么每个角色都会需要很多造型，如出拳、踢腿、躲避等各种动作，我想仅是准备这些造型就是一项比较困难的任务了，当然如果你非常善于画画那就另当别论了。

我选择用一个简单的方法来表示战斗的过程。当小末和外星人战斗时，可以让他们先全部隐藏，然后舞台上出现一团混乱的"硝烟"，也就是角色区的"战斗"角色。

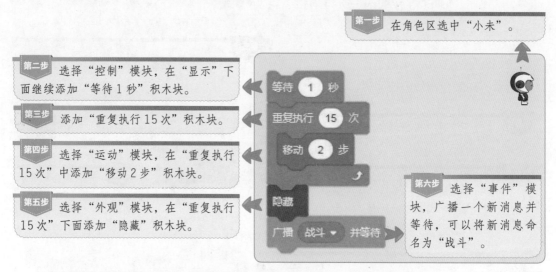

第一步　在角色区选中"小末"。

第二步　选择"控制"模块，在"显示"下面继续添加"等待1秒"积木块。

第三步　添加"重复执行15次"积木块。

第四步　选择"运动"模块，在"重复执行15次"中添加"移动2步"积木块。

第五步　选择"外观"模块，在"重复执行15次"下面添加"隐藏"积木块。

第六步　选择"事件"模块，广播一个新消息并等待，可以将新消息命名为"战斗"。

测试搭建好的脚本，我们可以看到小末到达目的地后，会向着外星人前进一段距离，然后消失。这里使用"广播……并等待"是为了让小末等待战斗结束后自动继续执行后面的脚本，而不需要其他角色再次发送消息，减少消息的使用。

下面要让外星人也隐藏。

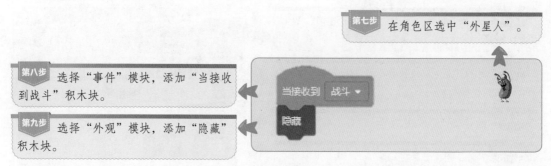

第七步　在角色区选中"外星人"。

第八步　选择"事件"模块，添加"当接收到战斗"积木块。

第九步　选择"外观"模块，添加"隐藏"积木块。

战争的"硝烟"这时候就该出现了，"战斗"角色中也有很多造型，这是为制作动态效果准备的。我想你在动画片中应该也看到过类似的情节吧，两个角色打成一团，一会儿露出一只手，一会儿露出半个脑袋。

**第十步** 在角色区选中"战斗"。

**第十一步** 选择"事件"模块，添加"当绿旗被点击"积木块。

当 🏳 被点击

**第十二步** 选择"外观"模块，添加"隐藏"积木块。

隐藏

**第十三步** 选择"事件"模块，添加"当接收到战斗"积木块。

**第十四步** 选择"外观"模块，添加"显示"积木块。

**第十五步** 选择"声音"模块，添加"播放声音战斗.mp3"积木块。

**第十六步** 选择"控制"模块，添加"重复执行100次"积木块。

**第十七步** 选择"外观"模块，在"重复执行100次"中添加"下一个造型"积木块。

**第十八步** 选择"声音"模块，添加"停止所有声音"积木块。

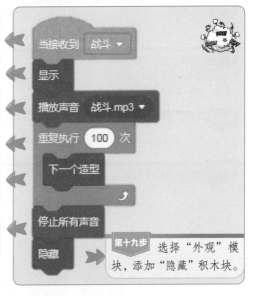

当接收到 战斗 ▼

显示

播放声音 战斗.mp3 ▼

重复执行 100 次

下一个造型

停止所有声音

隐藏

**第十九步** 选择"外观"模块，添加"隐藏"积木块。

明明只有十几个造型，为什么要切换100次造型呢？

这是为了延长战斗的时间，突出外星人和小未的战斗比较激烈，难分胜负。如果你想缩短时间，可以把"100"改成其他小一点的数字。

## 第三幕

经过激烈的战斗，小未终于打败了外星人，可以把朋友安全带回家了。到家后会发生什么呢？如果有一天你遇到了困难，你的朋友帮你解决了困难，你会怎么做呢？我觉得当然是要先道谢啦！

### 小未带朋友回家

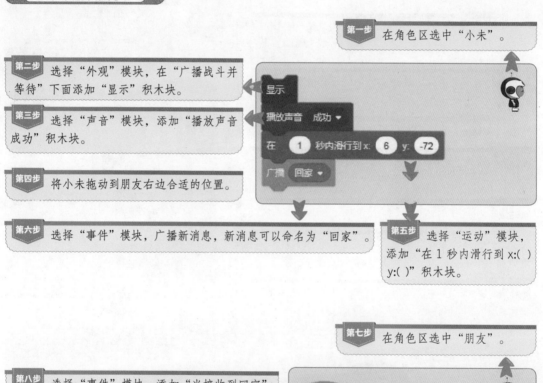

**第一步** 在角色区选中"小未"。

**第二步** 选择"外观"模块，在"广播战斗并等待"下面添加"显示"积木块。

**第三步** 选择"声音"模块，添加"播放声音成功"积木块。

**第四步** 将小未拖动到朋友右边合适的位置。

**第六步** 选择"事件"模块，广播新消息，新消息可以命名为"回家"。

**第五步** 选择"运动"模块，添加"在1秒内滑行到 x:( ) y:( )"积木块。

**第七步** 在角色区选中"朋友"。

**第八步** 选择"事件"模块，添加"当接收到回家"积木块。

**第九步** 选择"外观"模块，添加"隐藏"积木块。

**第十步** 在角色区选中"小未"。

**第十一步** 选择"外观"模块，在"广播回家"下面添加"换成两个人坐飞船造型"积木块。

**第十二步** 将舞台上的小未拖动到左上角处。

**第十三步** 选择"运动"模块，添加"在3秒内滑行到 x:( ) y:( )"积木块。

**第十四步** 选择"外观"模块，添加"隐藏"积木块。

**第十五步** 选择"事件"模块，添加"广播到家"积木块。

回家咯！

**朋友向小未道谢**

小未带着朋友顺利到家了，场景要由月亮切换回阳台了。

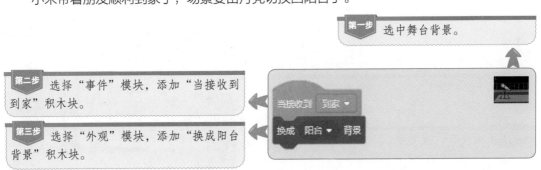

**第一步** 选中舞台背景。

**第二步** 选择"事件"模块，添加"当接收到到家"积木块。

**第三步** 选择"外观"模块，添加"换成阳台背景"积木块。

**第四步** 在角色区选中"小未"。

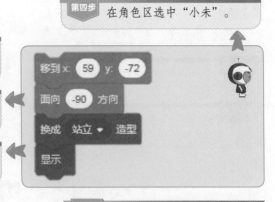

**第五步** 将舞台上的小未拖动到舞台上的合适位置，下面他将要和朋友开始对话。

**第六步** 选择"运动"模块，添加"移到 x:( ) y:( )"与"面向 -90 方向"积木块。

**第七步** 选择"外观"模块，添加"换成站立造型"与"显示"积木块。

**第八步** 在角色区选中"朋友"。

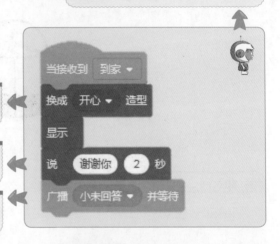

**第九步** 选择"外观"模块，添加"换成开心造型"与"显示"积木块。

**第十步** 添加"说你好 2 秒"积木块，并输入朋友向小未道谢的话。

**第十一步** 选择"事件"模块，广播新消息并等待，新消息可命名为"小未回答"。

**第十二步** 在角色区选中"小未"。

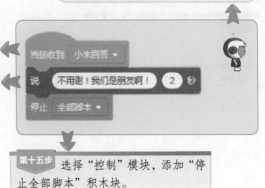

**第十三步** 选择"事件"模块，添加"当接收到小未回答"积木块。

**第十四步** 选择"外观"模块，添加"说你好！2 秒"积木块，并输入小未回答时要说的话。

**第十五步** 选择"控制"模块，添加"停止全部脚本"积木块。

你以为到这里就已经大功告成了吗？当然不是！千万不要忘了对程序进行测试！点击绿旗，执行程序，检查所有的角色是否按顺序出场、退场并完成了自己的动作。

在动画类型作品中会用到大量造型切换、动作、广播等积木块，其中最容易出错的就是广播了。当有多个消息时，一不小心就会选错消息。如果动画的故事发展顺序出错，可以检查与广播相关的积木块。其他造型与动作上的错误是显而易见的，也很容易改正。

CHAPTER **8**

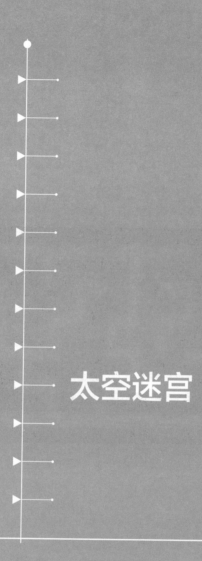

太空迷宫

程序的基本结构包括顺序结构、循环结构和选择结构。在前面的章节中，我们用到了大量的顺序结构，即程序从最上面的"当绿旗被点击"开始一个个向下执行。如果你跟着我做完了前面所有的案例，那么对"重复执行"这4个字应该不陌生吧？这是实现循环结构需要用到的一个积木块。至于选择结构，本章也会详细介绍。

上一章中，小未打败外星人救出了朋友。但是外星人并不服输，他偷偷在太空里布下了迷宫，把来太空执行巡逻任务的小未给困住了。

迷宫游戏中，不可缺少的要素有迷宫地图、起点和终点、走迷宫的人。另外，为了增加游戏的难度与趣味性，可以在通往终点的道路上添加一些障碍物。

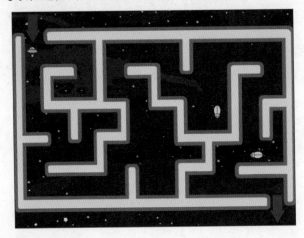

## 顺序结构

顺序结构是最简单、常用的一种结构，也非常容易理解。顺序结构的执行顺序是从上往下依次执行。

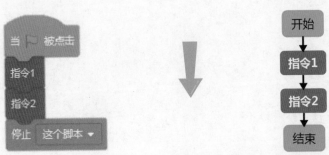

**小未的初始设置**

在角色、背景的初始化设置中常常使用顺序结构。例如，我们先设置小未在迷宫游戏中的大小、初始位置、方向等。

在角色区选中"小未"，并搭建如下脚本。

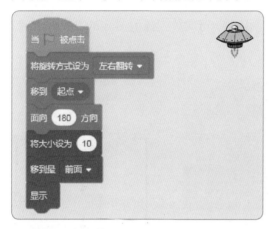

点击绿旗执行程序后，小未马上移动到起点处，这是我们能看见的程序执行后的结果。这里总共包括 6 个步骤，按照从上往下的执行顺序来看，小未会先移动位置，再改变自己的大小，为什么我们不能清晰地看见其中的过程呢？因为每一个积木块指令的执行速度是非常快的！

## ● 循环结构

什么是循环呢？就是重复地做一些事情。例如，每年有春、夏、秋、冬 4 个季节，4 个季节全部过了一遍之后，又会从头开始，这就是四季循环。除此以外，生活中还有水循环、碳循环等。

程序中的循环结构是最能发挥计算机特长的一种程序结构。当程序中有大量重复性的脚本时，可以使用循环结构来描述需要重复执行的指令，从而简化编程的工作量。

Scratch 中有 3 种循环方式，分别是计数型循环、无限型循环和条件型循环，3 种循环对应的积木块为"重复执行 10 次""重复执行""重复执行直到"，这 3 个积木块都在"控制"模块中。

### 计数型循环

在计数型循环中，需要重复执行的指令有明确的执行次数，当到达规定的次数后，结束循环。

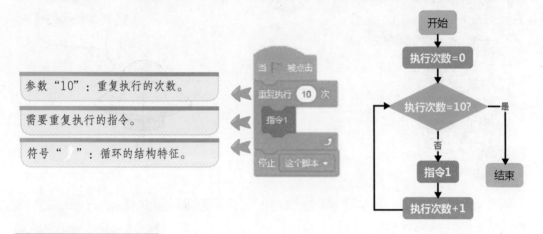

### 无限型循环

使用无限型循环时，一旦程序执行到需要重复执行的指令，就永远不会结束循环，除非你点击了舞台上的"停止"按钮。

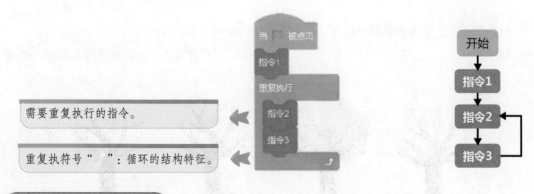

### 循环播放背景音乐

在游戏中，常常利用背景音乐烘托游戏氛围。这个功能可以写在背景的脚本区里。首先选中舞台背景，再搭建如下图所示的脚本，就可以实现背景音乐的循环播放。

## 条件型循环

在条件型循环中，需要重复执行的指令没有明确的执行次数，但是有一个或多个结束循环的条件标志，当这个条件成立时循环即结束。

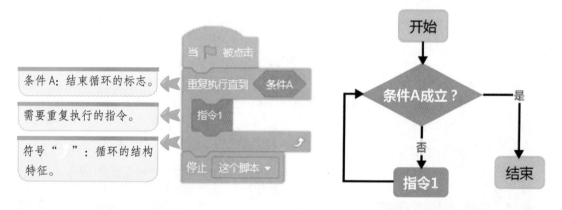

## 走来走去的小虫

小虫在通往终点的必经之路上走来走去，是这个迷宫游戏中的障碍物。但是它并不能随心所欲地在迷宫中走动，因为有围墙。

小虫一直向前移动，直到撞到围墙时停下并掉头，可以使用条件型循环实现该功能。首先在角色区选中"小虫"，然后搭建如下图所示的脚本。

脚本中"移动 -4 步"是为了保证小虫不会钻到围墙中。

执行这段程序，可以发现小虫在移动的过程中，撞过一次墙并掉头之后就不动了。

程序执行到"左转 180 度"掉头之后，下面已经没有需要执行的指令了。但是我们需要让小虫子继续向前走，直到撞墙，再掉头。那么这里就需要再使用一个循环。

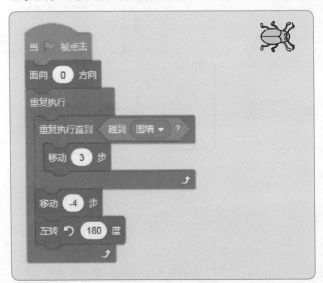

小 贴 士

脚本中的"面向 0 方向"是为了控制小虫上下移动，你也可以设置面向其他的方向来控制小虫左右移动，还可以在迷宫中多放几只小虫，大幅度提升游戏难度。

## 选择结构

除了循环结构可以控制程序流程外，选择结构也可以。在选择结构中，常常给出一个判断条件，程序根据判断得到的结果控制执行流程。

在 Scratch 中，实现"选择"功能的两个积木块也在"控制"模块中，分别为"如果……那么……""如果……那么……否则……"。

生活中我们经常会面临各种各样的选择。例如，出门时看一下天气，如果下雨了，那么就会带上雨伞。"带雨伞"这件事情是由天气情况决定的，可能带，也可能不带；而"出门"这件事是肯定要做的，与天气没有关系。

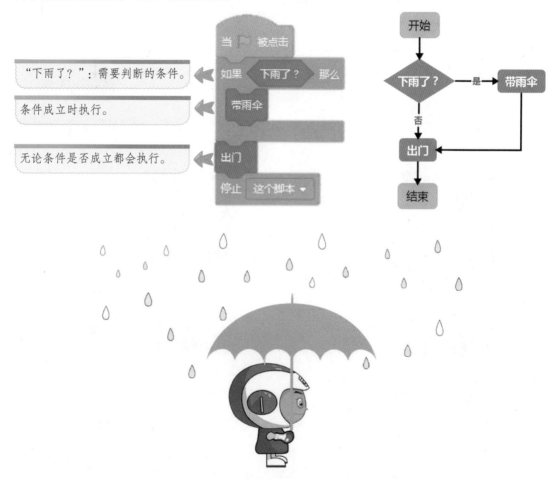

可能你会说，下雨天我为什么还要出门？带雨伞多麻烦呀，当然是选择不出门，待在家里啦！如果这一天你不用去学校上课，当然可以做这种选择，而且这属于另外一种形式的选择：如果下雨了，那么待在家里，否则就出门。"否则"两个字代表了"下雨"的对立情况，也就是没有下雨。

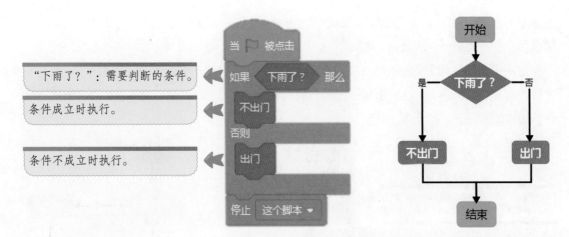

"下雨了？"：需要判断的条件。

条件成立时执行。

条件不成立时执行。

其实小虫的移动功能也可以用选择结构来实现。下图中，左右两段程序都可以实现小虫在迷宫里走来走去的功能。

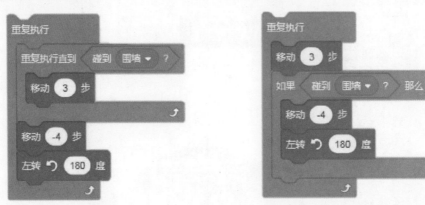

**控制小未移动**

迷宫游戏中，小未的移动需要我们使用键盘上的按键去控制，如当我按下键盘的上移键时，小未向上移动。

首先在角色区选中"小未"，然后搭建下图所示的脚本（注意，蓝色六边形的"按下↑键"积木块可以在"侦测"模块中找到"按下空格键"，然后将"空格"调整为"↑"）。

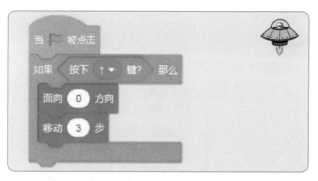 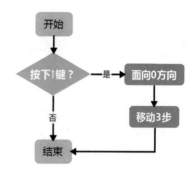

搭建好之后，测试一下你的程序能不能实现相应的功能。

肯定没有吧！但是不管从脚本的字面意思还是从流程图上来看，似乎都没有任何错误，是不是？那么现在思考下面的问题：你能保证每一次判断得到的结果都为"是"吗？当出现"否"的情况时，需要做什么？

"点击绿旗"是一瞬间的事情，前面我们说过脚本从上往下依次执行，它的执行速度非常快。当你点击绿旗时，程序马上做了下面的判断：按键↑是否按下？但是，那一刻你根本还没来得及去按上移键，所以程序走了"否"这边的结果，结束了。

按上移键是在"点击绿旗"后经常会发生的事情，所以程序需要不断地去做判断。也就是需要"重复"判断按键是否按下，需要使用"循环"。对小未的脚本做下图所示的修改。

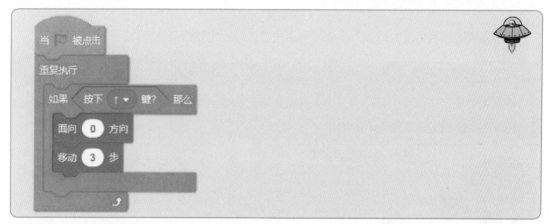

现在，再来测试一下，小未肯定可以向上移动了。在游戏中，小未仅仅会向上移动当然是不够的，马上来实现其他3个方向的移动功能。

在"小未"的脚本区搭建下图所示的脚本，将这一段脚本同样放到判断"按下↑键"所在的"重复执行"中。

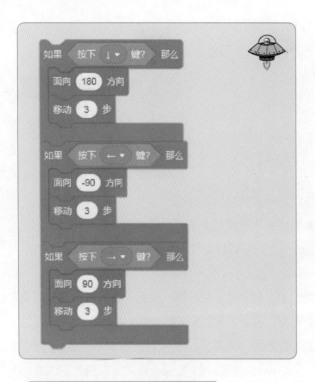

**小贴士**

这 3 组条件判断必须放在"重复执行"中，实现循环侦测按键是否按下的功能。所以，在程序设计中，顺序结构、循环结构和选择结构往往不会独立存在，它们可以组成各种复杂的结构来实现丰富的功能。

## ● 完善迷宫游戏

小未撞到围墙后会发生什么？小未碰到小虫怎么办？走到终点后会得到什么奖励吗？

### 小未与围墙的碰撞

现在我要规定，在我的游戏中，小未撞到围墙时需要回到起点重新开始游戏。在角色区选择"小未"，然后搭建下图所示的脚本。

其实还有另一种实现方法。在"控制"模块中有一个"等待……"的积木块，它和"如果……那么……"一样有一个可以放六边形积木块的空格。前面我们学习过"等待 1 秒""广播……并等待"，这些积木块中的"等待"都可以延长这个指令的执行时间。对小未的脚本做下图所示的修改。

"等待碰到围墙"是指小未等待自己碰到围墙的情况发生，一旦碰到了围墙马上回到起点。由于小未可能会多次碰到围墙，因此在外面需要添加"重复执行"积木块。

### 游戏失败与胜利

所有的游戏都会有输赢，小虫作为迷宫中唯一的障碍物，这时候就要派上大用场了。当小未碰到小虫时，游戏就输了。在角色区选中"小虫"，搭建下图所示的脚本。

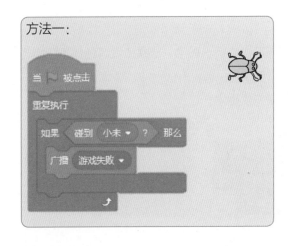

方法二：

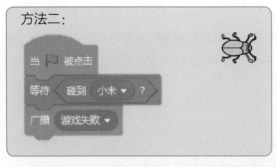

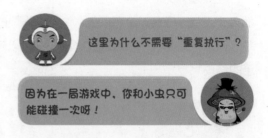

　　如果你在游戏中加了好多小虫或其他的障碍物，那么需要在每一只小虫的脚本区都搭建这个功能的脚本，否则那些小虫就只是装饰物了。

　　接下来是游戏胜利的情况。毫无疑问，当小未走到终点时游戏就胜利了。在角色区选中"终点"，以下两种方法都可以实现。

方法一：

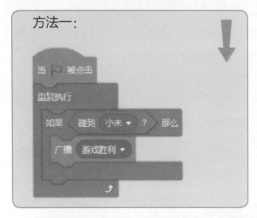

方法二：

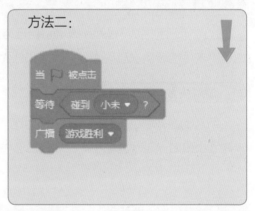

　　"游戏胜利"和"游戏失败"的消息已经全部可以广播出去了，但是还没有任何角色接收这个消息。不管是失败还是胜利，都需要停止所有程序的执行。

　　在角色区选中"游戏结束"，然后搭建下图所示的脚本。

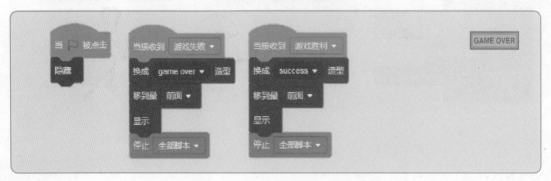

全部完成后，记得先对程序进行测试。试玩你的游戏，看看还存在哪些问题，然后及时检查并修改脚本。没问题后当然就可以保存、分享啦！当然，如果你觉得这个迷宫路线太简单，没什么挑战性，那么完全可以自己重新设计一个，然后利用图形编辑器画出来。也可以做成一个有好几个关卡的迷宫游戏哦！

CHAPTER **9**

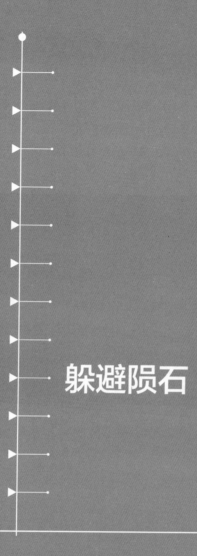

躲避陨石

　　一个小小的迷宫就想把小未困住，这外星人可真是太小看小未了！这不，小未很快就逃离了迷宫。但是外星人并不肯善罢甘休，他又开始了新一轮的进攻。这一次，小未遇到的是一场小陨石攻击。

　　利用键盘按键控制小未移动，躲开前方断断续续飞来的陨石等障碍物。一旦小未碰到那些障碍物，游戏就结束了。障碍物出现的高度不确定，柱子的类型也不确定，这需要通过本章的"随机数"来实现。除此以外，本章还将学习坐标相关的基础知识。学会使用坐标将有利于后面大型游戏项目的制作。

## 平面直角坐标系与坐标

　　平面直角坐标系由水平方向上的 $X$ 轴和竖直方向上的 $Y$ 轴构成，坐标系中的任意一点都可以使用坐标 $(X,Y)$ 来表示。例如，$X$ 轴与 $Y$ 轴的交点是坐标系的原点，它的坐标表示为 $(0,0)$。

　　在生活中也会接触到类似的概念。例如，购买的电影票上会写着属于你的观影位置，如"3排4座"，你进场后根据影院座位上的标号能很快就能找到自己的位置，而且是一张票对应一个位置。

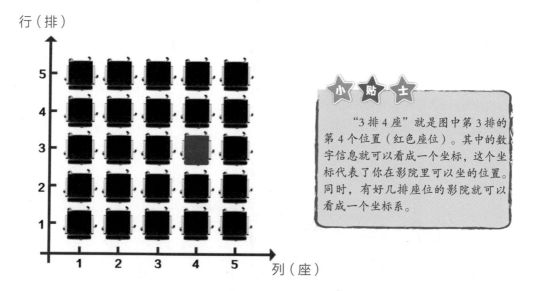

"3排4座"就是图中第3排的第4个位置（红色座位）。其中的数字信息就可以看成一个坐标，这个坐标代表了你在影院里可以坐的位置。同时，有好几排座位的影院就可以看成一个坐标系。

### 舞台上的坐标系

舞台是一个大小为 480×360 的长方形。我们可以在舞台上放置一个平面直角坐标系来学习舞台上的坐标。

对于水平方向的 $X$ 坐标来说，舞台左半部分（蓝色）的 $X$ 值为负数（小于 0），右半部分（红色）的 $X$ 值为正数（大于 0），即 $X$ 坐标的值从左往右逐渐变大。

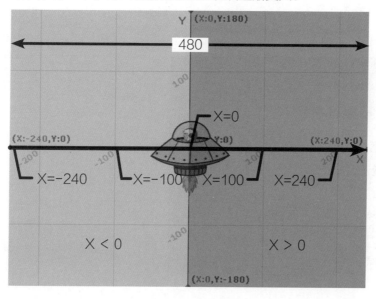

对于竖直方向的 Y 坐标来说，舞台上半部分（黄色）的 Y 值为正数（大于 0），下半部分（绿色）的 Y 值为负数（小于 0），即 Y 坐标的值从下往上逐渐变大。

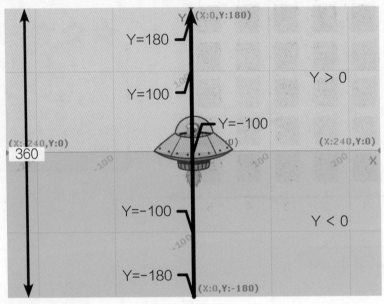

### 角色的位置与坐标

角色在舞台上的任何一个位置都可以用坐标表示。

在舞台下方可以查看角色的实时坐标。例如，下图中，此时小未的坐标为（-151，-35），陨石的坐标为（-5，64）。

我们也可以通过改变角色坐标的方法实现角色的移动功能。

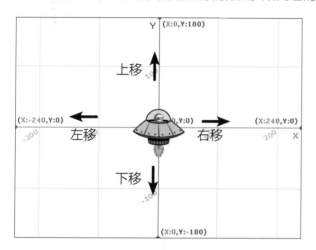

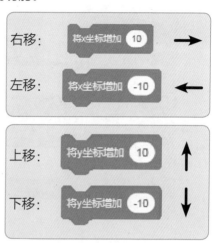

右移： 将x坐标增加 10 →

左移： 将x坐标增加 -10 ←

上移： 将y坐标增加 10 ↑

下移： 将y坐标增加 -10 ↓

### 小未的初始位置

使用坐标将角色移动到舞台上的对应位置。例如，在游戏中，需要设置小未出现时的位置。陨石和障碍物都将会从右边出现，慢慢向左移动，所以我将小未的起点设置在舞台的左边。

将舞台上的小未拖动到舞台的合适位置，作为起点位置，获取坐标后拿出"运动"模块中的"移到 x：( ) y：( )"积木块，搭建下图所示的脚本。

### 小未的移动功能

在游戏中，玩家通过按键控制小未上下移动，从而躲避前方出现的陨石或柱子等障碍物。在角色区选中"小未"，搭建下图所示的脚本。然后将这段脚本放在"显示"下面，就可以实现小未的上下移动了。

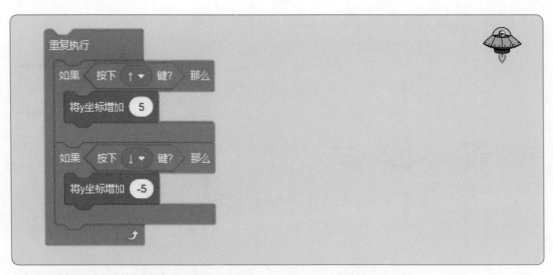

如果你觉得小未也需要左右移动，那么也可以添加对应的脚本。另外，这里不需要设置小未的方向是因为所有的障碍物都从右边出现，小未只需要一直面向右边就可以了。

## ● 随机数

什么是随机数呢？

先看一个数列，1，2，3，4，5，6，7……很明显，这一串数字是有规律的，后面的数都比前面一个数大1。

再看下面一个数列，3，7，2，1，5，4，4……这几个数字是我随便按数字键输入的，几个数字之间没有规律。这一串数字就可以称为随机数。

再如，掷骰子，虽然只可能取到1、2、3、4、5、6这6个数字，但是每一次得到的结果都不会受到前面结果的影响，而且绝对不会出现这6个数字以外的结果。

在 Scratch 也有这样一个骰子，就是"运算"模块中的"在 1 和 10 之间取随机数"。数字"1"和"10"限制了可以取到的随机数的最小值和最大值。

  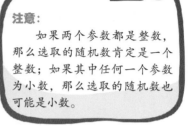

注意：
如果两个参数都是整数，那么选取的随机数肯定是一个整数；如果其中任何一个参数为小数，那么选取的随机数也可能是小数。

## 障碍物的初始设置

在实现障碍物在随机高度出现的功能前，先完成它们的初始状态设置：旋转模式、面向的方向、隐藏/显示等。首先在角色区选中"陨石1"，搭建下图所示的脚本。

然后依次给"陨石2""柱子"等其他障碍物添加相同的脚本，角色的大小可以根据自己的喜好进行设置。

 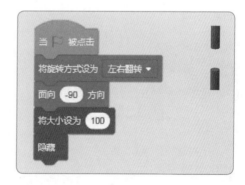

## 障碍物的出现与移动

陨石的出现是没有任何规律的，这里包括两个随机：一是出现的时间间隔随机，二是出现的高度随机。前者可以通过将"等待1秒"中的参数替换成随机数实现，后者可以通过将"移到 x: ( ) y: ( )"中的"y"替换成随机数实现。

设置时间间隔随机。

由于"陨石 1"和"陨石 2"是两个功能完全相同的角色，因此我们下面只讲解"陨石 1"的脚本搭建方法。"陨石 2"的脚本可以参考"陨石 1"去搭建。

陨石不断向左边移动，也就是 X 坐标逐渐减小。至于陨石移动的速度，你可以自己调整，或者也可以直接使用随机数来代替。但是，不要忘了随机数的取值需要是负数！当陨石碰到左边缘时，就可以消失了。首先选中"陨石 1"，搭建下图所示的脚本，并将这段脚本放在"显示"下面。

设置移动速度随机。

然后选择"控制"模块，把"重复执行"积木块放在实现陨石出现、移动与消失功能的脚本外面。

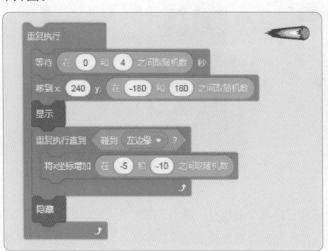

注意：
　　陨石消失之后，过一会儿又会在舞台右边重新出现，并继续向左移动直到碰到左边缘。所以，这是一个需要循环的过程，要在外面加上"重复执行"积木块。

最后在角色区选中"柱子"，搭建下图所示的脚本，并将该脚本放到"隐藏"下面。

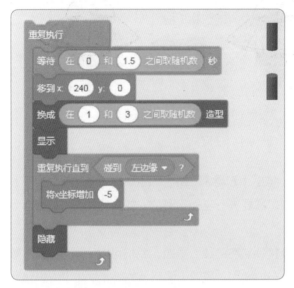

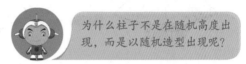

为什么柱子不是在随机高度出现，而是以随机造型出现呢？

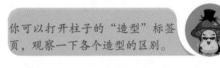

你可以打开柱子的"造型"标签页，观察一下各个造型的区别。

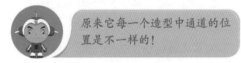

原来它每一个造型中通道的位置是不一样的！

## ● 游戏内容完善

关于角色的初始设置与移动部分的功能已经全部完成了，关于移动速度、障碍物出现的时间间隔等细节问题，可以通过选取不同范围内的随机数去修改与完善。下面还有角色的动态效果及角色之间的碰撞检测等内容需要完成。

### 角色的动态效果

角色"小未""陨石1""陨石2"都有多个不同的造型，这些造型可以制作对应的动画效果，如飞船喷火、陨石燃烧等。在角色区选中"小未"，搭建下图所示的脚本。

运行起来就会呈现下图所示的动态效果。

0.1 秒　　0.1 秒

用同样的办法，依次给"陨石1""陨石2"添加相同的切换造型的脚本。

### 将左边缘"隐藏"

将角色隐藏不是很简单吗？将"当绿旗被点击"和"隐藏"两个积木块搭在一起不就好了！但是，"左边缘"这个角色和其他几个障碍物是需要进行碰撞检测的。如果角色真的隐藏了，那么障碍物也就不可能碰到左边缘了。

为了让舞台看上去更美观一点，又不能直接让"左边缘"隐藏，我们可以使用"外观"模块中的"虚像特效"积木块。在角色区选中"左边缘"，搭建下图所示的脚本。

当角色的虚像特效达到100%时，舞台上也就看不到这个角色了，但是该角色仍然属于"显示"的状态，其他角色也能碰到它。

### 游戏结束

当小末碰到任意一个陨石或者柱子时，游戏都会结束，即所有脚本停止执行。

在角色区选中"陨石1"，搭建下图所示的脚本。

然后依次给"陨石2""柱子"等所有障碍物添加这段脚本。

按照惯例，完成所有的脚本后，对程序进行测试，没有问题后保存、分享！如果你对这个游戏还有更多的创意，如增加其他的障碍物，或者制订一些新的游戏规则，那么现在完全可以大胆地去尝试！

CHAPTER **10**

小未大战僵尸

顺利躲过外星人的陨石攻击，小未终于回到了陆地。本想稍作休息的他又收到了新的任务：一大群僵尸正向着军事核心基地靠近，小未需要守住基地的主要出入口，防止僵尸侵入基地内部。

这一章中，小未将作为一名武警战士出现，那么他拥有的武器就是一把手枪了！通过按键控制小未开枪发射子弹，以此攻击入侵的僵尸。如果你玩过曾风靡一时的植物大战僵尸游戏，那就应该能由此联想到不断发射子弹抵御僵尸入侵房子的豌豆射手了吧。

在制作这样一个游戏的过程中，将学习 Scratch 中的两个新知识：克隆和变量。

## 克隆

克隆也可以理解成复制、翻倍等，就是根据一个原型制作出一个复制品（也称克隆体）。在生物学上是指通过无性繁殖产生新的个体，如克隆羊多利。有兴趣的同学可以去图书馆或在网上查阅相关的书籍资料，在这里我要详细介绍的是 Scratch 中的克隆功能。

在 Scratch 中使用克隆功能，可以大大减少重复性的角色。例如，上一章中的陨石有两个角色，它们的脚本几乎是一样的！这种情况下就可以使用克隆了。

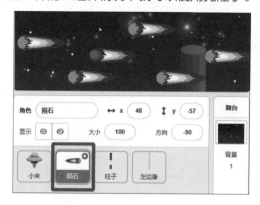

### 创建克隆体

在控制模块中，"克隆自己"积木块可以创建克隆体。打开"自己"下拉框时，可以看到克隆其他角色的选项。一般情况下，选择"克隆自己"的方式会比较多。对于舞台来说，不能克隆自己，因为舞台只能有一个！但是可以在舞台中克隆其他角色。

在游戏中，小未需要发射子弹，我们可以通过键盘上的按键来控制，如使用空格键。如果只有一颗子弹，那肯定是不够用的！所以可以用克隆的方法来制造用不完的子弹。

在角色区选中"子弹"，搭建下图所示的脚本。

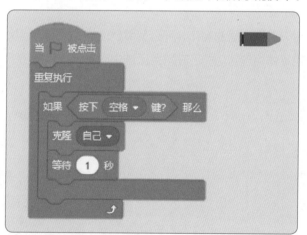

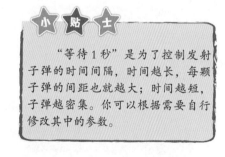

小 贴 士

"等待1秒"是为了控制发射子弹的时间间隔，时间越长，每颗子弹的间距也就越大；时间越短，子弹越密集。你可以根据需要自行修改其中的参数。

不仅子弹，游戏中僵尸也会不断地出现，我们也可以使用克隆的方法不断生成僵尸。在角色区选中"僵尸"，搭建下图所示的脚本。这样就可以在 0~5 随机秒数之后不断出现僵尸了。

当 ▶ 被点击

重复执行

等待 在 0 和 5 之间取随机数 秒

克隆 自己 ▼

### 启动克隆体

如果你已经执行程序进行测试了，那么可能正抓耳挠腮或者仰天长啸：为什么还是只有一颗子弹？僵尸也只有一个呀！

当你点击绿旗后，多按几次空格，然后拖动舞台上的子弹或僵尸，看看发生了什么。子弹下面还有子弹对不对？其实子弹的克隆体已经产生了，只是都重叠在一起（在这个过程中千万不要点击红灯，后面会介绍原因的）。

产生的克隆体会继承角色本体的所有属性。如果角色本体是隐藏的，那么克隆体也是隐藏的。除此以外，还有角色当前的造型、大小、位置、方向等。所以，刚才生成的子弹或僵尸会全部重叠在一起。但是克隆体不会继承角色的动作，也就是说，如果角色是在移动的过程中生成克隆体的，那么克隆体依旧是静止的。

如果想让克隆体有动作或者外观、声音等其他方面的变化，那么就需要使用"控制"模块中的"当作为克隆体启动时"积木块实现克隆体相应的功能。在角色区选中"子弹"，搭建下图所示的脚本。

当作为克隆体启动时

移到 小末 ▼

重复执行直到 碰到 舞台边缘 ▼ ?

将x坐标增加 10

在角色区选中"僵尸"，搭建下图所示的脚本。

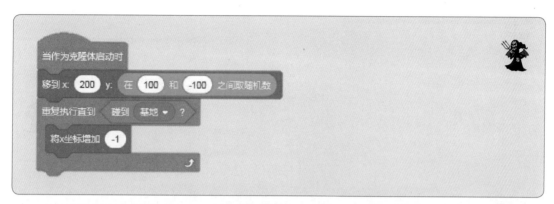

现在再执行程序进行测试，你会发现当按下空格键时，子弹会从小未的手枪里发射出去，并且会在碰到舞台边缘之前一直移动，最后停在舞台边缘处；而僵尸则会一直向左边移动，直到碰到小未保护的基地。

但是又出现了一个新问题，还有一颗子弹和一个僵尸是静止的。那是角色本体。移动功能的脚本是写在"当作为克隆体启动时"下面的，所以只有克隆体会移动。既然现在已经有用不完的子弹和僵尸了，那我们就可以设置本体隐藏了。

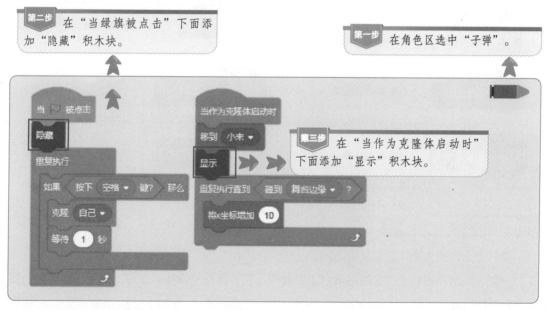

对"僵尸"进行类似操作，如下图所示。

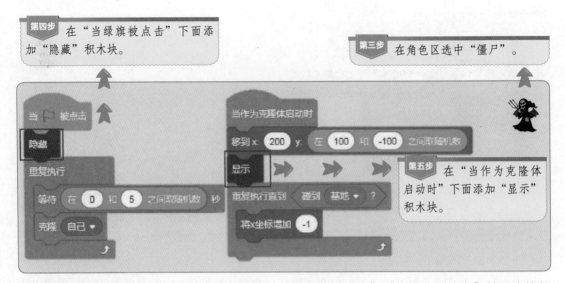

除此以外，事件模块中"当按下空格键""当角色被点击""当接收到消息"等积木块都可以控制克隆体启动。

| | | | |
|---|---|---|---|
| 当 ▶ 被点击 | 不启动克隆体 | 当角色被点击 | 被点击的克隆体启动 |
| 当作为克隆体启动时 | 克隆体一旦生成马上启动 | 当背景换成 背景1 ▾ | 所有克隆体一起启动 |
| 当按下 空格 ▾ 键 | 所有克隆体一起启动 | 当接收到 消息1 ▾ | 所有克隆体一起启动 |

### 删除克隆体

舞台上无效的克隆体需要及时删除。

例如，前面发射的子弹，碰到舞台边缘后停下了，这些子弹就可以算是失效了，因为当舞台上存在的克隆体达到一定数量后，将不再产生新的克隆体。"控制"模块中的"删除此克隆体"积木块可以删除已启动的这一个克隆体。

**注意:**

　　点击红灯或使用"停止全部"积木块时,可以删除舞台上所有角色的所有克隆体。这就是刚才不能点击红灯的原因。

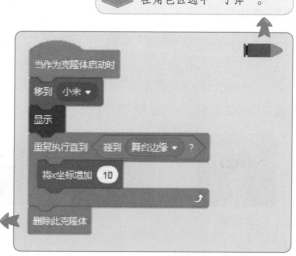

**第二步** 将"控制"模块中的"删除此克隆体"积木块放在"重复执行直到"的循环语句下面。

　　上面这个属于子弹没有打中僵尸的情况。当子弹打中僵尸时,这一颗子弹同样会失效,所以也需要删除相应的克隆体。

　　我们需要在子弹的脚本区搭建下图所示的脚本,并将这段脚本放在"将 x 坐标增加 10"下面,也就是"重复执行直到"的循环语句中。

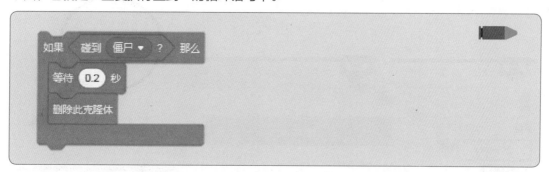

　　僵尸当然也需要删除克隆体,但是这个僵尸比较厉害,才不会那么容易一枪就被打死。下面我要给它设置生命值,这需要用到变量的知识。

## 变量

　　"等待 1 秒""将 x 坐标增加 10"等积木块中的数字"1""10"是程序中的常量,在执行过程中是不会发生变化的。

程序在执行过程中，还存在一些需要改变的数值，我们称其为变量，如游戏中玩家的分数、生命值、能量值等。

变量就像程序中的储物盒，存储一些我们需要的数据。这些储物盒上还会有名字标签，便于快速找到想要的数据。

每一个小盒子都只能存放一种数据。例如，下面 4 个盒子的用途是非常明确的，如果你把代表生命值的数据"3"放入"时间"的盒子中，那么你的游戏一定会出现错误。

生命值　　　　分数　　　　能量值　　　　时间

### 建立一个变量

变量在使用之前需要先声明，Scratch 中的变量需要自己创建。现在我要建立一个记录玩家分数的变量。

变量的名字需要尽量简短，便于区分与记忆。任何两个变量的名字都不能相同！

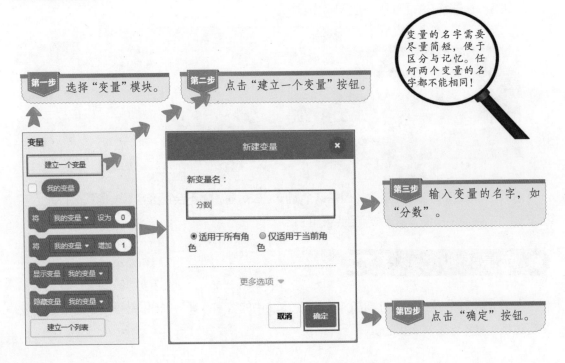

你一定已经看见了在命名框下面有两个选项："适用于所有角色"和"仅适用于当前角色"。

适用于所有角色，是建立一个公用的变量，称为全局变量。舞台和其他角色都可以查询和改变全局变量的值。在舞台中只能建立全局变量，如"分数"就是一个全局变量。

下面再来建立一个"仅适用于当前角色"的局部变量，这是一个角色私有的变量，舞台和其他角色只可以查询局部变量的值，但是不能修改。

我们来为僵尸添加"生命值"。首先在角色区选中"僵尸"，然后点击"建立一个变量"按钮，输入变量名称"生命值"，点击"仅适用于当前角色"和"确定"按钮，就可以得到一个专属于僵尸的局部变量。

当变量"生命值"在舞台上显示时，会自动多出"僵尸："几个字，说明这个变量是属于僵尸的，是一个局部变量。当选择其他角色的变量模块时，是看不见"生命值"这个变量相关的积木块的。

另外，当我们把变量前面蓝底白色的"√"单击取消时，该变量就不会在舞台上显示。在变量上右击，可以修改变量名或删除变量。

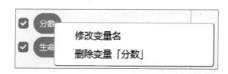

## 给变量赋值

建立好的变量默认值为0。对于游戏中的分数来说，刚开始玩游戏时，一定是0分，但是一轮游戏结束之后，分数会增加。那么第二次重新开始游戏时，是不是应该把上一轮游戏的分数清零呢？

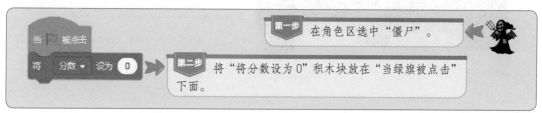

变量"生命值"也需要赋值。首先将"将生命值设为 0"放在"当作为克隆体启动时"下面。而为了增强游戏的不确定性，我利用随机数给僵尸赋予不同的生命值，每一颗子弹只能让僵尸失去一个生命值。

将"运算"模块中的"在 1 和 5 之间取随机数"放在设定生命值的参数中。

为什么不能把生命值的设定也放在"当绿旗被点击"下面呢？

因为每一个僵尸都有自己的生命值。假设舞台上有 A 和 B 两个僵尸，子弹打中了僵尸 A，那么僵尸 A 的生命值就会减少，不会影响僵尸 B 的生命值。

尝试使用积木块，控制克隆出来的僵尸说出自己启动时的生命值，你会看到如下结果，每一个僵尸的生命值都是在限定范围内的随机数。

小 贴 士

将"生命值"设定为局部变量，可以方便地给每一个僵尸设定不同的生命值，而且互相不会有任何影响。

接着实现如果僵尸被子弹打中，那么就会失去一条生命，即生命值减 1 的功能。对僵尸的脚本做下图所示的修改。

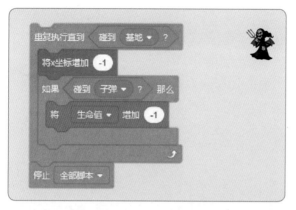

当僵尸没有生命值时，也就是该删除这个克隆体的时候了。没有生命值，即"生命值 =0"或者"生命值 <1"。等于"="和小于"<"在"运算"模块中。

别忘了，打死僵尸是可以加分的！既然有的僵尸生命值多一些，打死它的难度大一点，那么它对应的分值当然也可以高一点。如果小未消灭了一个生命值为 5 的僵尸，那么分数也会加 5 分。

搭建下图所示僵尸的脚本，并将这段脚本放在"重复执行直到"中。

## 游戏内容完善

这一章的小游戏还有可以完善的地方呢！那就是小未还只是傻傻地站在舞台上，不会移动！进攻的僵尸也可以切换多个造型，制作出上下飘动的特效。

### 小未的移动

僵尸会在不同的高度随机出现，小未当然不能只是呆呆地站在原地。可以用键盘控制他动起来。

在角色区选中"小未"，搭建下图所示的脚本，这样就可以实现小未的上下移动啦！

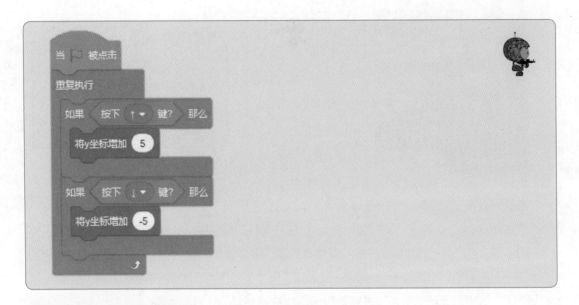

**僵尸的动态效果**

通过切换造型制作僵尸进攻时的动态效果。僵尸是克隆体，所以要使用"当作为克隆体启动时"作为开头。

在角色区选中"僵尸"，搭建下图所示的脚本。

现在你可以对自己编写的程序进行一次完整的测试了！

这一章的新知识已经讲解完了，关于"克隆"的使用方法你学会了吗？能分清楚全局变量和局部变量的区别了吗？要想完全掌握这些知识，光靠这一章的小游戏肯定是远远不够的，还需要更多的创作练习。当然，你可以在"小未大战僵尸"的游戏上进行拓展。

　　例如，在植物大战僵尸游戏中有很多不同种类的植物、僵尸，每一类角色的攻击力、生命值等属性都有差别，如果你想要做出一个类似功能的游戏，那么可以自己寻找更多合适的图片素材或者自己绘制，然后作为游戏中的角色，并编写相应功能的脚本。

　　做完了以后别忘了和大家分享你的学习成果哦！

# CHAPTER 11

坦克大战

僵尸实在太多了，最终还是让它们侵入了基地之中，甚至掠夺了基地中的坦克，战况进一步升级。虽然小未也换上了新装备，但是僵尸的坦克从四面八方袭来，随时都可能把小未炸得粉身碎骨。这一次，他能顺利脱险吗？

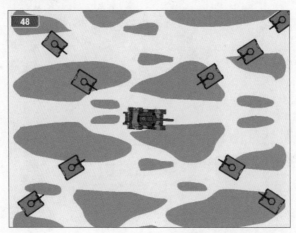

游戏中，玩家利用鼠标控制小未的方向，按下空格键可以发射子弹；坦克则会从舞台的四个角落随机出现，并向小未移动，撞上小未后，游戏结束。玩家的分数由小未消灭的坦克数量决定。另外，当玩家分数逐渐增加时，游戏难度也会升级。

## ● 变量的标记作用

我们平时在看书时，如果一本书还没看完，就会在书里夹一个小书签，或者把那一页的页脚折一下，这是为了标记目前看书的进度，方便下次能快速找到这一页继续阅读。在程序设计中，也会有做标记的需要，如标记一场游戏是否正在进行。我们通常会使用变量来实现标记作用。

### 标记游戏状态

游戏可以分为两个状态：正在进行和结束。我们用变量完成游戏状态的标记，首先要确定两个状态下变量的值。当游戏正在进行时，把变量的值设定为 1；游戏结束后，把变量的值设定为 0。

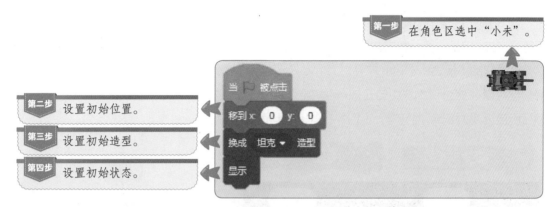

第一步　在角色区选中"小未"。

当 ▶ 被点击

移到 x: 0 y: 0

换成 坦克 ▼ 造型

显示

第二步　设置初始位置。

第三步　设置初始造型。

第四步　设置初始状态。

　　然后建立一个变量"游戏状态"，并适用于所有角色（设为全局变量）。搭建下图所示的脚本，并将这段脚本放到"显示"下面。

将 游戏状态 ▼ 设为 1

重复执行直到 碰到 敌人 ▼ ？

面向 鼠标指针 ▼

将 游戏状态 ▼ 设为 0

**注意：**

　　点击绿旗后游戏开始，"游戏状态"的值设定为1。当小未碰到敌人的坦克时，游戏就结束，此时将"游戏状态"的值设定为0。

　　对于其他角色来说，可以根据这个变量的值来判断某些指令是否需要执行。

## ● 运算

### 关系运算符

　　"运算"模块中，有"＞（大于）""＜（小于）""＝（等于）"3个关系运算符，也就是数学中用于比较数字大小的符号。

| | |
|---|---|
| 值1 > 值2 | 如果"值1"比"值2"大，那么运算的结果为"true（真）"，否则为"false（假）" |
| 值1 < 值2 | 如果"值1"比"值2"小，那么运算的结果为"true（真）"，否则为"false（假）" |
| 值1 = 值2 | 如果"值1"和"值2"相等，那么运算的结果为"true（真）"，否则为"false（假）" |

将"外观"模块中的  和运算结合起来会更加直观。如下图中，左边数字"10"和"50"用等号连接，但是这两个数字并不相等，所以整个表达式返回的值为"false"，告诉你"10=50"这句话是假的；反之，右边的就会说"true"，告诉你"50=50"这句话是真的。为了方便理解，你可以在这个积木块中自己加一个"？"，把表达式"10=50"想象成"10=50？"，然后问自己 10 和 50 相等吗？不相等！所以这句话是假的。

### 生成敌方坦克

当游戏正在进行，即"游戏状态 =1"时，敌人的坦克会不断出现，直到游戏结束。在角色区中选中"敌人"，搭建下图所示的脚本。

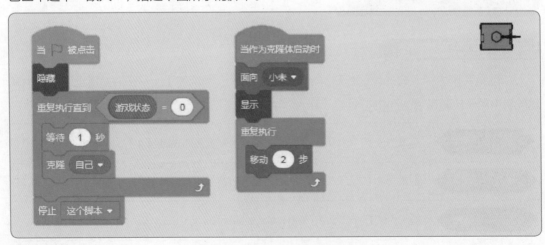

在"运算"模块中，有"+（加）""−（减）""*（乘）""/（除）"4 个基本算术运算符，也就是数学中用于计算数字之间和、差、积、商的符号。

算术运算符就像是程序中的计算器，如下图中，小未会直接说出各个运算得到的结果。

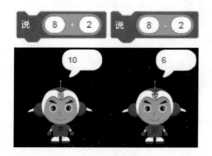

上一步骤中，还没有给敌人坦克的克隆体设置初始位置。我想让它们能从舞台的 4 个角落随机出现，首先应确定各个角落的坐标范围。

$X$ 坐标：$-180 \sim -240$
$Y$ 坐标：$140 \sim 180$

$X$ 坐标：$180 \sim 240$
$Y$ 坐标：$140 \sim 180$

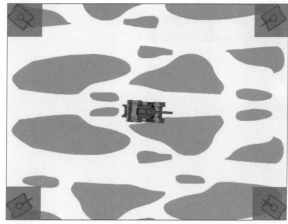

$X$ 坐标：$-180 \sim -240$
$Y$ 坐标：$-140 \sim -180$

$X$ 坐标：$180 \sim 240$
$Y$ 坐标：$-140 \sim -180$

从上图中可以看到 4 个坦克有 4 个位置范围，但是对于 $X$ 坐标来说，只有两个范围，$Y$ 坐标也只有两个范围，而且一个是正数，一个是负数。

让坦克从这 4 个位置随机出现，我们可以用两次随机数的方式来实现。

以 $X$ 坐标为例，先将 $X$ 坐标设为在 180 ~ 240 的随机数，那么坦克会在右边出现；再从 0~1 取一个随机数，如果取到 0，那么将刚才取到的 $X$ 坐标设置为负数。

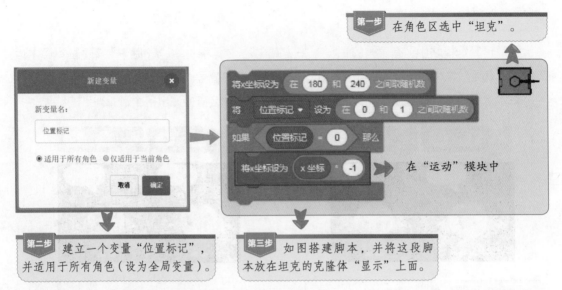

第一步 在角色区选中"坦克"。

新建变量

新变量名:

位置标记

● 适用于所有角色 ○ 仅适用于当前角色

取消 确定

将x坐标设为 在 180 和 240 之间取随机数

将 位置标记 ▼ 设为 在 0 和 1 之间取随机数

如果 位置标记 = 0 那么

将x坐标设为 x坐标 * -1

在"运动"模块中

第二步 建立一个变量"位置标记",并适用于所有角色（设为全局变量）。

第三步 如图搭建脚本,并将这段脚本放在坦克的克隆体"显示"上面。

这就完成了对坦克 X 坐标的设定, Y 坐标需要用相同的方法进行设定。搭建下图所示敌人的脚本,并将这段脚本也放在坦克的克隆体"显示"上面。

将y坐标设为 在 140 和 180 之间取随机数

将 位置标记 ▼ 设为 在 0 和 1 之间取随机数

如果 位置标记 = 0 那么

将y坐标设为 y坐标 * -1

## 逻辑运算符

程序设计中将逻辑运算称为布尔运算。运算所得的结果为"true（真）"或"false（假）",这两个值称为布尔值。Scratch 的"运算"模块中,有"与""或""不成立"3 种逻辑运算方式。

"与",相当于生活中说的"并且",就是在两个条件都同时成立（两个布尔值都为真）的情况下,"与"的运算结果才为"真"。

以简单的电路为例,只有当开关 1 和开关 2 全部闭合时,灯泡才会亮。

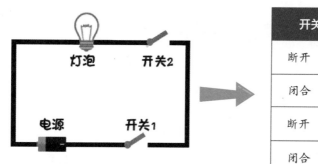

| 开关1 | 开关2 | 灯泡 |
|---|---|---|
| 断开 ∠ | 断开 ∠ | 暗 💡 |
| 闭合 ▭ | 断开 ∠ | 暗 💡 |
| 断开 ∠ | 闭合 ▭ | 暗 💡 |
| 闭合 ▭ | 闭合 ▭ | 亮 💡 |

"或"，相当于生活中的"或者"，当两个条件中有任意一个条件成立（真）时，"或"的运算结果就为"真"。如下图中，开关1闭合时，灯泡会亮；开关2闭合时，灯泡也会亮。

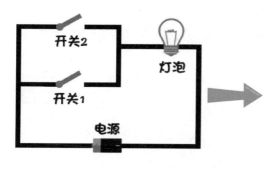

| 开关1 | 开关2 | 灯泡 |
|---|---|---|
| 断开 ∠ | 断开 ∠ | 暗 💡 |
| 闭合 ▭ | 断开 ∠ | 亮 💡 |
| 断开 ∠ | 闭合 ▭ | 亮 💡 |
| 闭合 ▭ | 闭合 ▭ | 亮 💡 |

"与"和"或"的运算结果，可以用下面这张"真值表"来表示。

| 条件1 | 条件2 | 条件1 与 条件2 | 条件1 或 条件2 |
|---|---|---|---|
| 真 | 真 | 真 | 真 |
| 假 | 真 | 假 | 真 |
| 真 | 假 | 假 | 真 |
| 假 | 假 | 假 | 假 |

相比于"与"和"或"，"非"可以说是非常调皮了！尽管你说的事情是真的，但是经过它的一番运算后，就变成了假的。

11 坦克大战

161

| 条件1 | 条件1 不成立 |
|:---:|:---:|
| 真 | 假 |
| 假 | 真 |

**难度升级**

　　为了让游戏更具有挑战性，我要根据玩家获取的分数来决定敌人坦克的移动速度。

　　我把游戏分为简单、普通、困难 3 个难度。当游戏开始时，分数为 0，坦克的移动速度为 2；当分数超过 30 但不足 40 时，坦克的移动速度提高到 4；当分数超过 40 之后，坦克的移动速度提高到 6。当然，你也可以设置更多的难度等级。

　　在角色区选中"敌人"，建立两个适用于所有角色的全局变量，并分别命名为"分数""速度"，如下图所示搭建脚本。

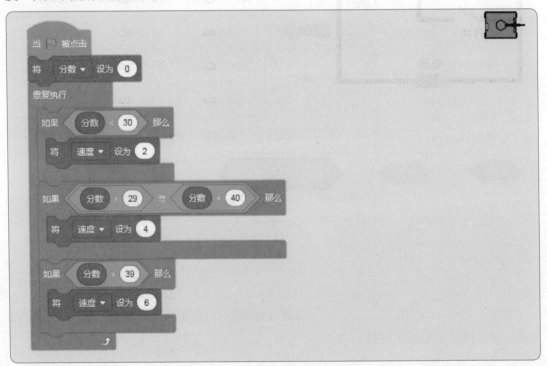

　　选择"变量"模块，将椭圆形积木块"速度"放到"移动 2 步"积木块中的参数位置，这样就可以实现根据不同的分数调整敌方坦克不同的进攻速度啦！

## 侦测

### 侦测事件

"侦测"模块中，六边形的积木块用于侦测指定事件是否发生，如"碰到鼠标指针？""按下空格键？""按下鼠标？"等，这一类积木块的返回值也是布尔值。

以"碰到颜色……？"为例，左图中，小未没有碰到金黄色，所以返回值为"false"；而右边碰到了，所有返回值为"true"。

使用颜色侦测时，颜色框可选取舞台上的任意颜色。

① 点击颜色框，这时鼠标指针会变成一只手的形状。

② 选择最下面的取色器。

③ 将鼠标指针移动到舞台上，找到你想侦测的颜色，点击，完成取色。

## 子弹的生成与失效

子弹需要侦测的是第一个事件的空格键是否按下，当空格键按下时克隆一颗子弹。

在角色区选中"子弹"，并搭建下图所示的脚本。

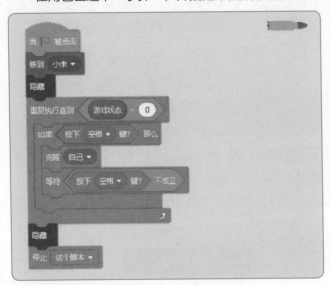

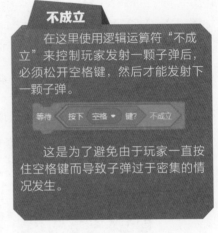

**不成立**

在这里使用逻辑运算符"不成立"来控制玩家发射一颗子弹后，必须松开空格键，然后才能发射下一颗子弹。

这是为了避免由于玩家一直按住空格键而导致子弹过于密集的情况发生。

子弹还需要侦测自己是否碰到敌人的坦克或者是否碰到舞台边缘，搭建下图所示子弹克隆体的脚本。

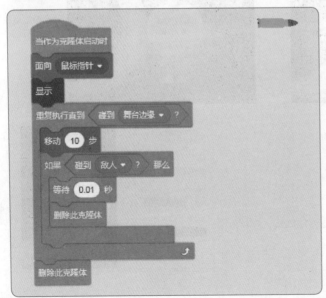

**克隆体与广播**

每一个独立的克隆体在启动时要使用"当作为克隆体启动时"，不能与"当接收到消息"同时使用。也就是说，如果你要让某一个克隆体单独接收广播，这个功能目前在Scratch中是无法实现的；但是如果你想让所有克隆体同时接收同一个消息，那么可以使用广播。

这里是要删除一个特定的克隆体，所以不使用广播，而是侦测是否碰到敌人。

## 坦克被子弹消灭

对于敌人的坦克来说，它需要不断侦测自己是否被子弹打中，如果打中了，那么需要删除对应的克隆体，同时玩家的分数增加。

在角色区选中"坦克"，搭建下图所示的脚本。

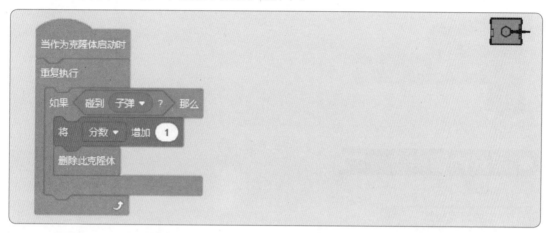

## 侦测数据

"侦测"模块中，椭圆形的积木块用于侦测指定数据，如侦测角色与鼠标指针之间的距离、鼠标指针的坐标、角色的造型编号、坐标等数据。

Scratch 中常常需要侦测的数据有以下几项：

| | |
|---|---|
| 到 鼠标指针 ▼ 的距离 | 侦测角色与鼠标指针之间的距离 |
| 询问 What's your name? 并等待  回答 | 向用户提出问题，并侦测用户的回答 |
| 鼠标的x坐标  鼠标的y坐标 | 侦测数据的 X 坐标、Y 坐标 |
| 角色1 ▼ 的 x坐标 ▼ | 侦测角色的坐标、方向、造型编号等多项数据，也可以侦测舞台的背景编号、背景名称等 |

## 子弹的方向

由于小未是始终面向鼠标指针的，所以子弹面向鼠标指针发射没有问题；但如果小未的方向是通过键盘按键控制的，那么子弹就需要侦测小未的方向。

在角色区选中"子弹"，将"面向鼠标指针"修改为"面向小未的方向方向"。这样搭建积木块就能实现子弹发射的方向与小未面向的方向一致的功能，即如果小未面向右边，那么子弹也就向右边发射。

## 游戏内容完善

### 小未的坦克爆炸

游戏结束的那一刻，小未的坦克就被炸毁啦。我们可以利用连续切换多个造型的方式来制作爆炸的动画效果。

在角色区选中"小未"，搭建下图所示的脚本，并将这段脚本放到"将游戏状态设为0"下面。

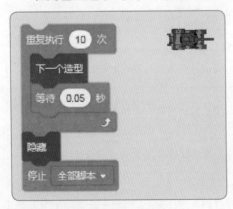

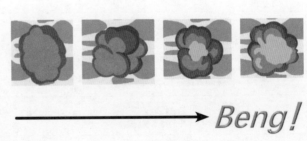

### 子弹与敌人消失

游戏结束后，子弹与敌人坦克的克隆体全部消失。

在角色区选中"子弹"，搭建下图所示的脚本。

在"敌人"的脚本区也搭建相同的脚本，或者直接将上面这段脚本复制给"敌人"。

# 脚本复制

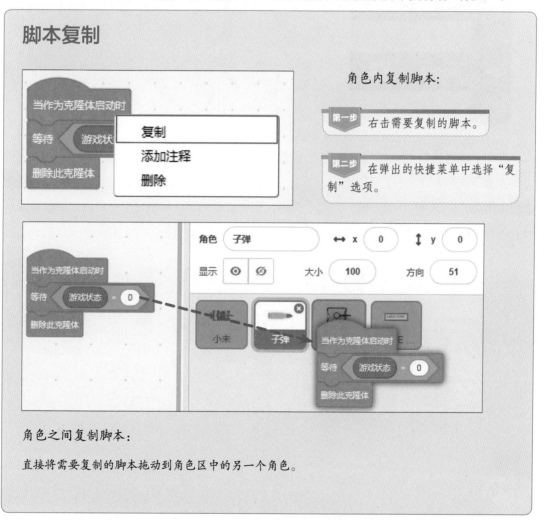

角色内复制脚本：

第一步 右击需要复制的脚本。

第二步 在弹出的快捷菜单中选择"复制"选项。

角色之间复制脚本：

直接将需要复制的脚本拖动到角色区中的另一个角色。

## GAME OVER

游戏开始时，角色"GAME OVER"隐藏，小未的坦克爆炸后显示。

在角色区选中"GAME OVER"，搭建下图所示的脚本。

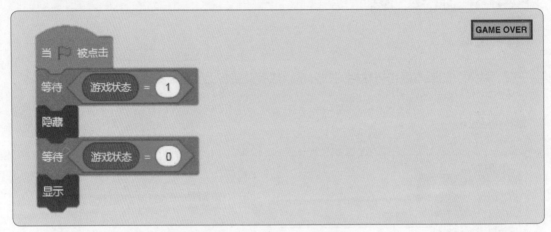

脚本全部搭建完成并通过测试之后，记得保存、分享哦！

完成了这个游戏之后，可以回想一下上一章中的游戏，找找两者的相同点与不同点。网络上有数不清的小游戏，但是都能分为几个类别，相同类别的游戏规则是差不多的。通过修改素材，再稍微修改一点规则，很快就又能制作出一个全新的游戏啦！

# CHAPTER 12

能量补充站

战斗终于结束了。为了奖励勇敢的小未，上级给了小未一张藏宝图。经过一番实地探测，小未初步确定了可能埋藏着宝箱的位置。由于宝箱被埋地比较深，需要使用威力足够强的炸药包才能把坚实的地面炸开，从而拿出宝箱，现在小未需要先收集一定数量的炸药包。

如果你是一个资深的游戏爱好者，那么对于开创了现代游戏产业的任天堂公司肯定有所了解。红白机是该公司发行的第一代家用游戏机，它包含的所有游戏中，超级马里奥兄弟堪称游戏史上最经典的游戏。穿着背带工作服、戴着帽子的大鼻子大叔形象深入人心。而且，他是靠吃蘑菇长大的！虽然身材略显圆润，但是跳跃能力可毫不逊色。接下来，我要让小未也像马里奥一样可以灵活地跳上跳下。

舞台上有多个炸药包，小未需要把它们全部收集起来，作为之后寻找宝箱时使用的道具。如果小未不小心落水了，那么游戏就结束了。

## 碰撞检测

在游戏设计中，碰撞检测是至关重要的。好的碰撞检测不仅要求人物不会被其他物体卡住，也不能直接穿越障碍物，还要求人物可以平滑地移动，碰到一定高度以内的台阶时能自动走上去，碰到过高的台阶则会停下。

前面章节中，我们只学习了简单的碰撞检测。其实在不同的游戏中，检测角色碰撞的方法有时也是不一样的，要根据游戏需求选择合适的方法。

在 Scratch 中，大致可以使用以下 3 种方法完成角色之间的碰撞检测。

## 简单碰撞

前面章节中，我们使用的都属于简单碰撞检测方法。只要两个角色有接触，那么就算是发生了碰撞，但是我们并不能知道角色的哪个位置发生了碰撞。甚至如果角色的造型发生改变，那么碰撞结果很有可能也会随之变化。

## 包围盒

这个方法是使用一个小盒子将角色包围起来，但是盒子的上下左右4条边是独立的4个角色。小盒子会随角色一起移动，而且4条边可以随时检测在哪个方向上发生了碰撞，从而决定角色在发生碰撞后该往哪个方向反弹。

## 碰撞块

这个方法是使用一个矩形跟随角色移动，并完成碰撞检测功能。虽然这个方法也不能知道碰撞发生的方向和位置，但是可以避免因为角色造型而产生的一系列问题，人物和场景之间也能显得更融洽，而不是完全独立。

在这一章中将学习使用碰撞块完成碰撞检测。角色区有"角色块"和"碰撞块"两个角色，"角色块"代表小末，"碰撞块"代表在该场景中小末可以站立、行走或跳跃的平台。主要功能的脚本都会在"角色块"中搭建，至于小末的形象和游戏场景，最后覆盖在最上面就可以了。

## 自制积木

数学课上，经常会定义一种新的运算，然后给出几组数字，让你计算这种运算方式下的结果。例如，现在定义符号"&"的运算方式：

$$A \& B = (A+B)*10 - (A-B)$$

这个符号包含了4步运算。如果在Scratch中使用积木块实现"5&3"的运算，则指令如下。

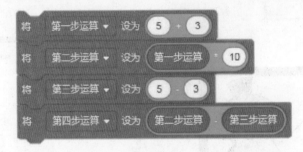

如果要计算100组"&"运算，那么这样的脚本就要搭建100组，相对应就有400个积木块。这时，Scratch中自制积木的功能就能体现出它的强大优势了。

可以制作一个"&"运算的新积木，并将它定义为上述运算过程。

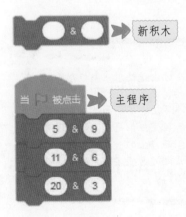

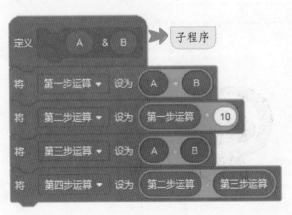

自制积木，即构建子程序，也可以称为函数、过程等。当主程序执行到新积木块指令时，会自动跳转到子程序，当执行完子程序后重新回到主程序，执行后面的指令。将一段功能的程序封装在一个积木块中，既便于理解，又方便使用，可以大大减轻编程的工作量。

### 跳跳跳

完整的跳跃包含两个过程，先向上移动，到达一定高度后，落回地面。在游戏里，不仅要实现这两个过程，还需要考虑角色在什么时候可以跳。这个当然是站在地上的时候啦，如果你已经跳到半空中了，还能再向上跳一次吗？我觉得，我肯定是做不到的。

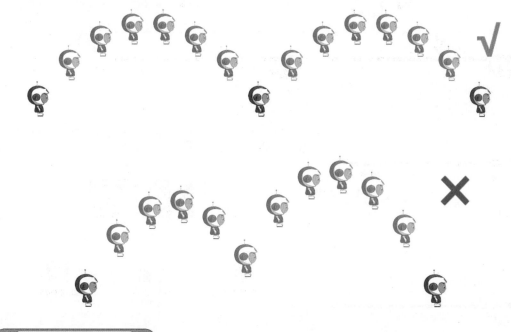

### 向上起跳

人站在地面上不动时，速度为 0，这里包括水平方向上的速度与垂直方向上的速度。向上起跳时，人获得了一个方向为向上的速度，所以才会向上移动，在 Scratch 中即为 Y 轴方向上大于 0 的速度。

**第一步** 在角色区选中"角色块"。

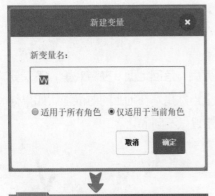

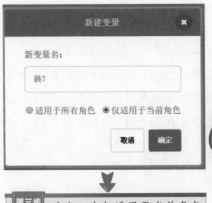

例如，跳起来时可以设定为1，站在地面上时则设定为0。

**第二步** 建立一个仅适用于当前角色的局部变量，并命名为"Vy"，表示Y轴方向上的速度。

**第三步** 建立一个仅适用于当前角色的局部变量，并命名为"跳？"，用来标记角色的跳跃状态。

**第四步** 选择"自制积木"模块，点击"制作新的积木"按钮，并在"积木名称"中输入新积木的名称，如"向上起跳"。

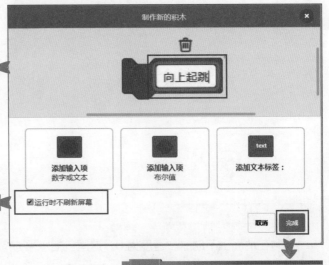

**第五步** 点击"运行时不刷新屏幕"前面的方格，会出现一个"√"，这个选项可以加快脚本的运行速度。

**第六步** 点击右下角的"完成"按钮。

搭建下图所示的脚本。

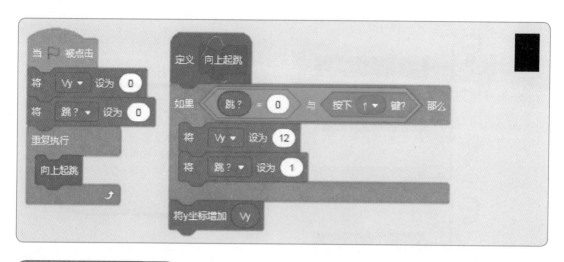

## 重力作用

对刚做好的跳跃功能进行测试,角色块竟然直接飞走了!你在地面上轻轻一跳,会飞走吗?这在地球上当然是不可能的,因为地球对所有人及物体都有重力作用。

牛顿坐在苹果树下,一边欣赏着大自然,一边思考,为什么苹果是向下掉落的,而不是向上飞走呢?

当有一个苹果落到他头上时,他忽然想明白了,因为地球对苹果有一个指向地球中心的力,这个力就是我们所说的万有引力。

同样因为地球重力的存在,小未在下落过程中也会受到影响。

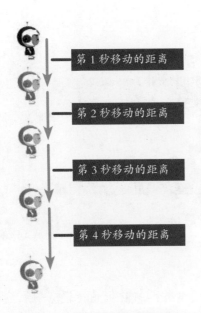

第 1 秒移动的距离

第 2 秒移动的距离

第 3 秒移动的距离

第 4 秒移动的距离

在重力的影响下，物体下落时垂直方向上的速度会越来越快，也就是在垂直方向上每一秒移动的距离越来越远。

为了让角色块在跳起来后能落回地面，接下来要在 Scratch 中模拟出重力的作用效果。

**第一步** 在角色区选中"角色块"。

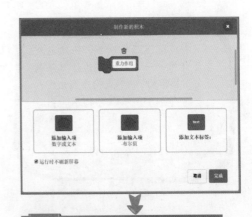

**第二步** 建立一个仅适用于当前角色的局部变量，并命名为"重力"。

**第三步** 选择"自制积木"模块，点击"制作新的积木"按钮，命名为"重力作用"，并选中"运行时不刷新屏幕"复选框。

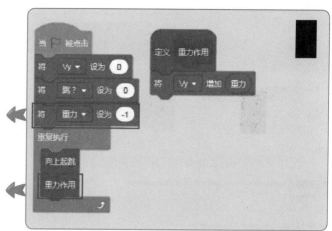

**第四步** 选择"变量"模块，将"将重力设为 -1"积木块放在绿旗事件下面。

**第五步** 定义"重力作用"为"将Vy增加重力"，并将其放到"重复执行"中。

## 落地检测

我猜你现在可能又发现了一件好玩的事情，角色块是不是在起跳后直接落到了舞台的下边缘？我可没说游戏场景中的地面就是舞台的下边缘！别忘了，还有一个角色叫"碰撞块"。

当角色块落下时，Y坐标一直减小，减小的幅度越来越大。当它落地后可能会陷进地面里，所以要让Y坐标一点点增加，直到回到地面上；同时将跳跃的状态设为0，标记角色块当前没有在跳跃。

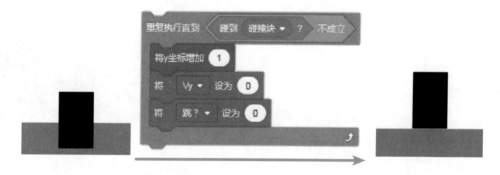

在这里还有一种需要考虑的情况：如果角色块在向上移动的过程中，碰到了头顶上面的碰撞块怎么办？那就要马上下落了！要注意的是，此时角色块依旧属于跳跃状态。

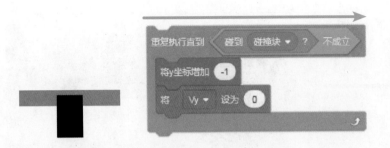

使用选择结构把上述两种情况综合在一起，完成"落地检测"的功能吧。

**第一步** 在角色区选中"角色块"。

**第二步** 选择"自制积木"模块，点击"制作新的积木"按钮，在积木名称中输入"落地"。

**第三步** 点击"添加输入项布尔值"按钮，并输入"向上移动？"。

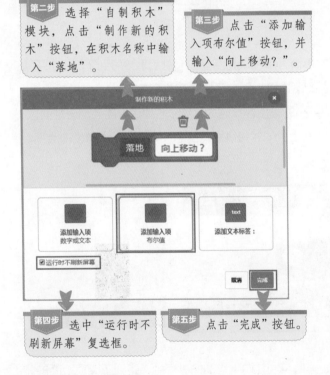

**第四步** 选中"运行时不刷新屏幕"复选框。

**第五步** 点击"完成"按钮。

> ### 布尔变量
>
> 　　如果一个变量只有"true（真）"和"false（假）"两种逻辑状态，那么这个变量可以称为布尔变量。
>
> 　　如果表达式中含有布尔型的变量，那么表达式会根据布尔变量的逻辑状态重新赋值：当布尔变量的返回值为"true（真）"时，表达式的值为1；当布尔变量的返回值为"false（假）"时，表达式的值为"0"。

搭建下图所示的脚本。

### 左右移动

到目前为止，使用空格键就可以控制角色块在原地起跳了。现在可以测试一下，发现问题可以马上修改，否则全部做完后再来修改会非常麻烦。

接下来要让角色块能向前跳、向后跳，也就是实现角色块在左右方向上的移动。设定水平方向上的速度为 Vx，当角色块静止时，Vx 等于 0。当按下左移键或右移键时，Vx 逐渐减小或增大。但是角色在起跳后，水平方向上的速度 Vx 是保持不变的，也就是说，每一秒在水平方向上移动的距离相等。

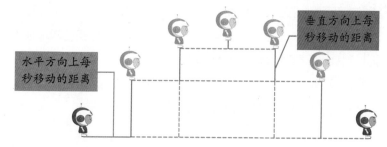

在 Scratch 中用脚本实现如下。

① 在角色区选中"角色块"。

② 选择"变量"模块，建立一个仅适用于当前角色的变量，并命名为"Vx"。

③ 选择"自制积木"模块，点击"制作新的积木"按钮，并将新积木命名为"左右移动"。

④ 选中"运行时不刷新屏幕"复选框。

⑤ 点击"完成"按钮。

⑥ 如图搭建脚本。

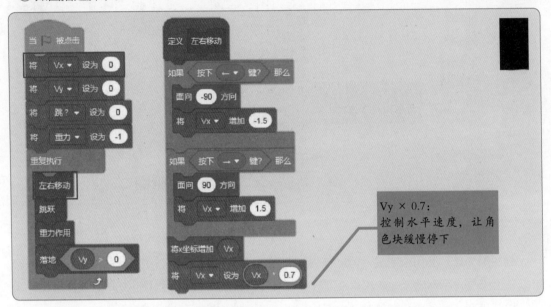

按照惯例，现在是测试脚本功能的时间。

我发现角色块在左右移动时，如果遇到比自己还高的台阶，根本不需要跳，竟然可以直接飞上去！

这是前面的"落地检测"的效果。角色块在遇到台阶时，虽然下边缘没有碰到碰撞块，但是左边缘或右边缘碰到了呀！因为角色块很"笨"，不知道自己哪个位置碰到了，它觉得自己在垂直方向上的速度没有大于 0，但又碰到了碰撞块，就直接认为自己掉进地面里去了，然后一直向上升。因此，就出现了自动越过台阶的现象。

要解决这个问题，可以让角色块在左右移动时进行水平方向上的碰撞检测：当遇到一定高度的台阶时，自动停下；除非台阶高度很低，那么可以直接越过去。

⑦ 在角色区选中"角色块"。

⑧ 选择"自制积木"模块，点击"制作新的积木"按钮，并将新积木命名为"左右碰撞"。

⑨ 选中"运行时不刷新屏幕"复选框。

⑩ 点击"完成"按钮。

⑪ 如图搭建脚本。

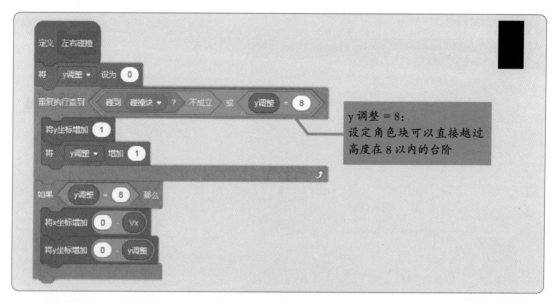

⑫ 将新积木"左右碰撞"放到子程序"左右移动"中的"将 x 坐标增加 Vx"积木块下面，必须这样放哦！

这样做是为了让角色块每移动一次就可以马上进行水平方向上的碰撞检测。至于放错位置会有什么反应，你当然也可以试一下，试完后别忘了改回来就行。

## 游戏内容完善

本章中最难的部分已经完成了！后半部分属于基础操作，如果你已经跟着我完成了前面所有的脚本，那么后半部分对你来说肯定是小菜一碟了。

### 布置游戏场景

舞台上的角色块和碰撞块实在是太简陋了，我要把这两个角色"隐藏"掉，然后在舞台上放上小末和地面。用脚本实现如下。

① 选中舞台背景。

② 将背景的虚像特效设定为 30。

③ 在角色区选中"角色块"。

④ 如图搭建脚本。

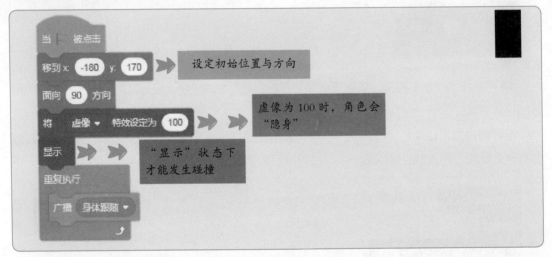

⑤ 在角色区中选中"小末"。

⑥ 如图搭建脚本。

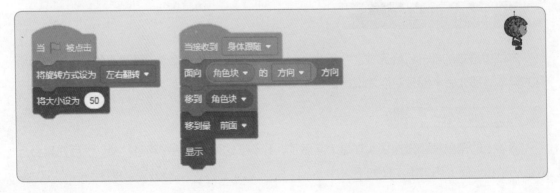

⑦ 在角色区选中"碰撞块"。

⑧ 如图搭建脚本。

⑨ 在角色区选中"地面"。

⑩ 如图搭建脚本。

### 放置炸药包

想好你的舞台上需要几个炸药包，克隆相应的次数。利用变量给各个克隆体编号计数，便于后面判断小未是否收集完所有炸药包。

① 在角色区选中"炸药包"。

② 选择"变量"模块，建立一个适用于所有角色的全局变量，并命名为"数量"。

③ 如图搭建脚本。

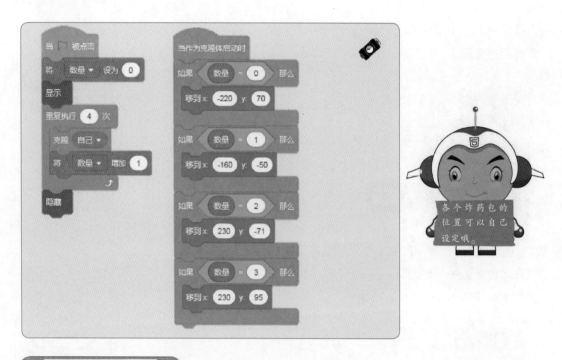

各个炸药包的
位置可以自己
设定哦。

### 游戏结束

在这个游戏中，胜利或失败的规则很简单，收集完所有的炸药包，游戏就胜利了；如果不小心落水，那游戏就失败了。对于炸药包来说，它们是在等待被小未收集。小未收集了一个炸药包，相应的炸药包数量也就减少了一个。刚才建立的变量"数量"必须为全局变量，这样才能在这一步派上用场。

① 在角色区选中"炸药包"。

② 如图搭建脚本。

对于小未是否落水的判断也有多种方法，既可以通过侦测颜色来判断，又可以通过小未或角色块的坐标来判断，你可以选择自己喜欢的方法制作。下面是利用侦测坐标的方法。

③ 在角色区选中"小未"。

④ 如图搭建脚本。

最后，就是游戏结束时的文字提示了。

⑤ 在角色区选中"提示"。

⑥ 如图搭建脚本。

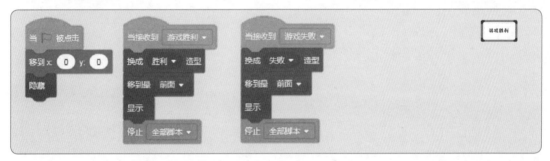

　　如果你已经认真地看完了这一章，并完成了所有的脚本搭建，那么恭喜你现在又掌握了 Scratch 中的新技能！你还可以自己设计难度更大的游戏场景，并添加障碍物、设置其他技能 等。最后别忘了去分享你的劳动成果哦！

CHAPTER **13**

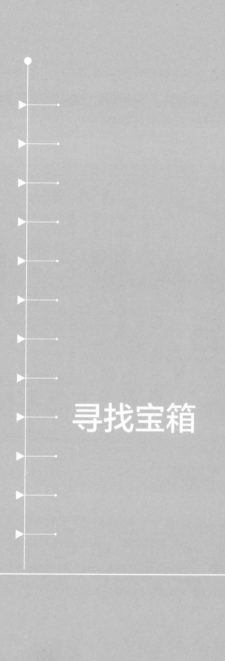

寻找宝箱

现在小未就要拿着收集来的炸药包寻找埋藏在地下的宝箱了！地图上已经在可能藏有宝箱的位置上放置了小红旗作为标记，但是只有一个地方放置了宝箱。小未有 3 个炸药包，在炸药包用完前找出宝箱则游戏胜利；如果在找宝箱的过程中不小心找到了埋藏着的地雷，那么小未就会被炸伤，游戏也将以失败告终。

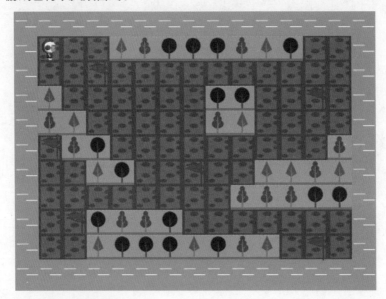

## ● 设计游戏背景

以往的游戏中，都直接使用一张大小为 480 像素 ×360 像素的图片作为背景。这一章中，将告诉大家如何使用小的方块元素在舞台上绘制背景，这在制作大地图游戏中是非常有用的。

在大小为 480 像素 ×360 像素的舞台上划分出 15×11 个边长为 32 像素的正方形。周围蓝色的一圈表示河流，绿色的部分表示树木，棕色的部分就是小未可以行走的地面。同时，在每一格上先标记好数字。

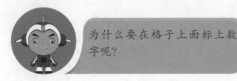
为什么要在格子上面标上数字呢？

因为需要让角色"背景块"根据这些数字来切换相应的造型。数字 1 代表河流，数字 2 代表地面，数字 3 代表树木。

| 1 | 1 | 1 | 1 | 1 | 1 | 1 | 1 | 1 | 1 | 1 | 1 | 1 | 1 | 1 | 1 |
|---|---|---|---|---|---|---|---|---|---|---|---|---|---|---|---|
| 1 | 2 | 2 | 2 | 3 | 3 | 3 | 3 | 3 | 3 | 3 | 3 | 2 | 2 | 1 |
| 1 | 2 | 2 | 2 | 2 | 2 | 2 | 2 | 2 | 2 | 2 | 2 | 2 | 2 | 1 |
| 1 | 3 | 2 | 2 | 2 | 2 | 2 | 3 | 3 | 2 | 2 | 2 | 2 | 2 | 1 |
| 1 | 3 | 3 | 2 | 2 | 2 | 2 | 2 | 3 | 2 | 2 | 2 | 2 | 2 | 1 |
| 1 | 2 | 3 | 3 | 2 | 2 | 2 | 2 | 2 | 2 | 2 | 2 | 2 | 3 | 1 |
| 1 | 2 | 2 | 3 | 3 | 2 | 2 | 2 | 2 | 3 | 3 | 3 | 3 | 1 |
| 1 | 2 | 2 | 2 | 2 | 2 | 2 | 2 | 3 | 3 | 3 | 3 | 1 |
| 1 | 2 | 2 | 3 | 3 | 3 | 3 | 2 | 2 | 2 | 2 | 2 | 2 | 1 |
| 1 | 2 | 2 | 3 | 3 | 3 | 3 | 3 | 3 | 3 | 2 | 2 | 2 | 1 |
| 1 | 1 | 1 | 1 | 1 | 1 | 1 | 1 | 1 | 1 | 1 | 1 | 1 | 1 | 1 | 1 |

　　接下来要做的事情就是，将示意图上的数字表格放到 Scratch 里，角色"背景块"根据表格中的数字切换自己的造型，并在对应的位置上留下相应的造型图案。

　　我们可以使用变量来存放数据，但是一个变量只能存放一个数据。有什么容器能把上面这张表格里的数据全部装起来呢？那就是接下来要学习的列表了。

## 列表

　　列表是一个按照数字顺序存放的数据项集合。它可以存放许多变量（数据），如果把变量看成存放数据的小盒子，那么列表就是由多个小盒子组合而成的储物柜，它可以获取、存储、输出数据。列表的存在是为了更方便地管理长度或者数量不确定的数据。

　　下面是一张关于期末成绩的列表，这里记录着一位同学的成绩。

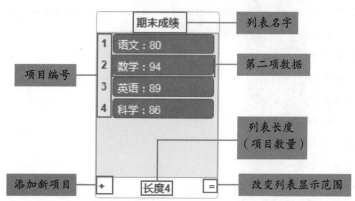

## 制作背景列表

如果把整个背景看成一个列表，那么可以把每一行看作列表中的一个项目。

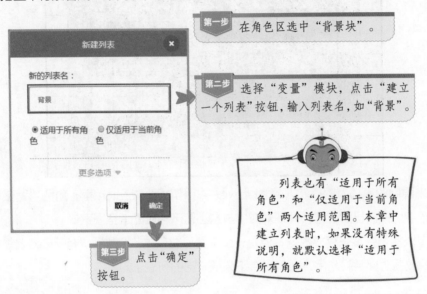

第一步　在角色区选中"背景块"。

第二步　选择"变量"模块，点击"建立一个列表"按钮，输入列表名，如"背景"。

列表也有"适用于所有角色"和"仅适用于当前角色"两个适用范围。本章中建立列表时，如果没有特殊说明，就默认选择"适用于所有角色"。

第三步　点击"确定"按钮。

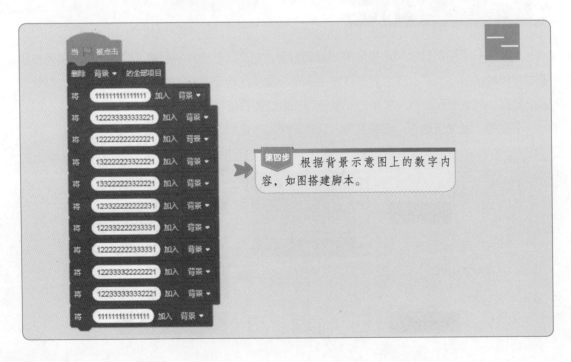

第四步　根据背景示意图上的数字内容，如图搭建脚本。

**制作标记点的位置列表**

在背景上随机选取 6 个小方格，作为游戏中标记的可能藏有宝箱的位置。

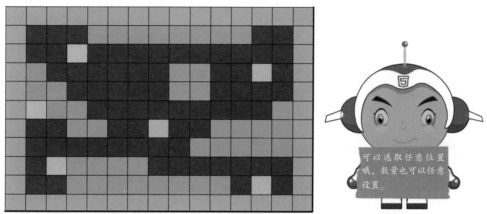

可以选取任意位置哦，数量也可以任意设置。

**第一步** 在角色区中选中"标记"。

在第 3 行的第 4 格处有一个标记

**第三步** 根据选择的 6 个位置，如图搭建脚本。

**第二步** 选择"变量"模块，建立两个仅适用于当前角色的列表，并命名为"X""Y"。

## ● 字符串

字符串是由字母、数字、下画线组成的一串字符。例如，在背景列表中，第二项"122233333333221"就是一串全部由数字组成的字符串，这个字符串中共有 15 个字符。

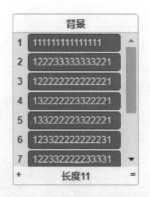

"运算"模块中的积木块"apple 的字符数"可以记录字符串中的字符数量。

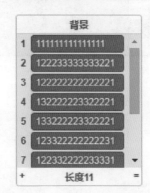

其中，该字符串中的第 1 个字符为"1"，第 2 个字符为"2"，第 5 个字符为"3"，分别表示背景示意图中第 2 行的各个"背景块"的造型编号。

"运算"模块中的积木块"apple 的第 1 个字符"可以记录字符串中的某一个字符。

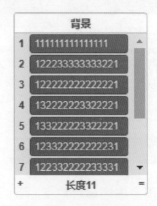

运算模块中的"连接 apple 和 banana"积木块可以把两个字符串连接在一起，可以自己去尝试。接下来我们要做的就是利用列表中的每一个项目及每一个字符绘制舞台上的背景。

## 绘制背景

背景是利用画笔绘制而成的，首先需要添加"画笔"模块的积木块。

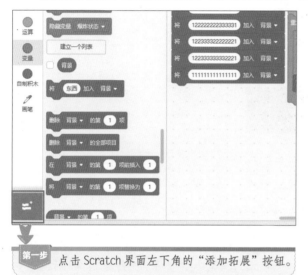

**第一步** 点击 Scratch 界面左下角的"添加拓展"按钮。

**第二步** 选择"画笔"模块。

背景是通过"图章"积木块绘制出来的。"图章"可以在舞台上画出角色，和生活中的印章一样。使用图章画出来的角色不会移动，但是可以使用"全部擦除"指令清空。

绘制背景的方式有很多种，从上往下，从左往右……怎样绘制都可以。我习惯从舞台的左上角开始绘制，先绘制最上面一行，从左边画到右边，然后换到第 2 行继续。

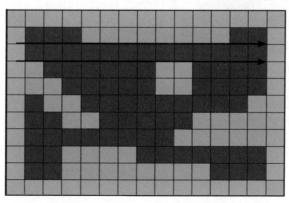

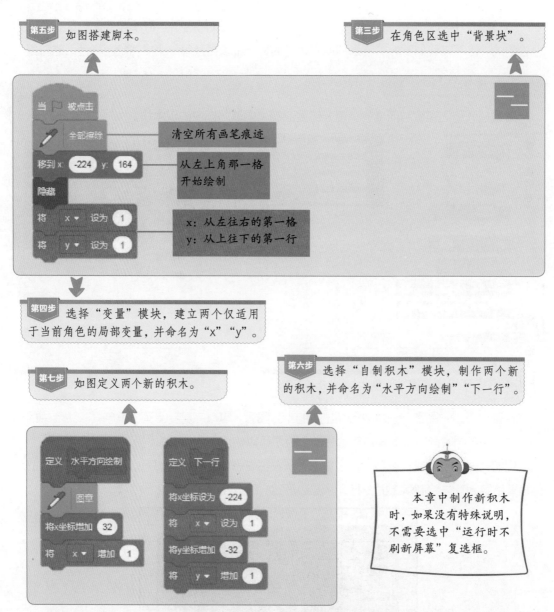

第五步 如图搭建脚本。

第三步 在角色区选中"背景块"。

当 ▶ 被点击

全部擦除 —— 清空所有画笔痕迹

移到 x: -224 y: 164 —— 从左上角那一格 开始绘制

隐藏

将 x ▾ 设为 1 —— x: 从左往右的第一格
将 y ▾ 设为 1 —— y: 从上往下的第一行

第四步 选择"变量"模块，建立两个仅适用 于当前角色的局部变量，并命名为"x""y"。

第七步 如图定义两个新的积木。

第六步 选择"自制积木"模块，制作两个新 的积木，并命名为"水平方向绘制""下一行"。

定义 水平方向绘制

图章

将x坐标增加 32

将 x ▾ 增加 1

定义 下一行

将x坐标设为 -224

将 x ▾ 设为 1

将y坐标增加 -32

将 y ▾ 增加 1

本章中制作新积木 时，如果没有特殊说明， 不需要选中"运行时不 刷新屏幕"复选框。

　　新的积木块定义好了，下面就可以使用了。绘制背景这件事情，当然是要在点击绿旗时就开始做啦。为了方便控制游戏项目的流程，我们可以把主要过程写在舞台背景的脚本区中。

3个消息分别控制游戏的3个过程：先绘制背景，再放置标记，全部完成之后才能真正开始游戏。然后让对应的角色接收消息就可以了。

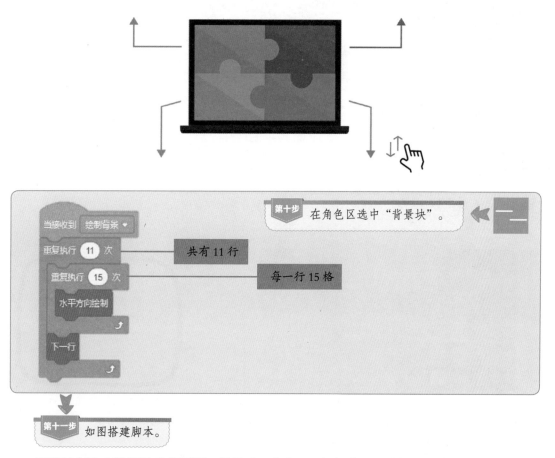

距离绘制出完整的游戏背景图还差最后一个步骤：根据背景列表切换对应的造型。

**第十二步** 选择"自制积木"模块，制作新的积木，并命名为"切换造型"。

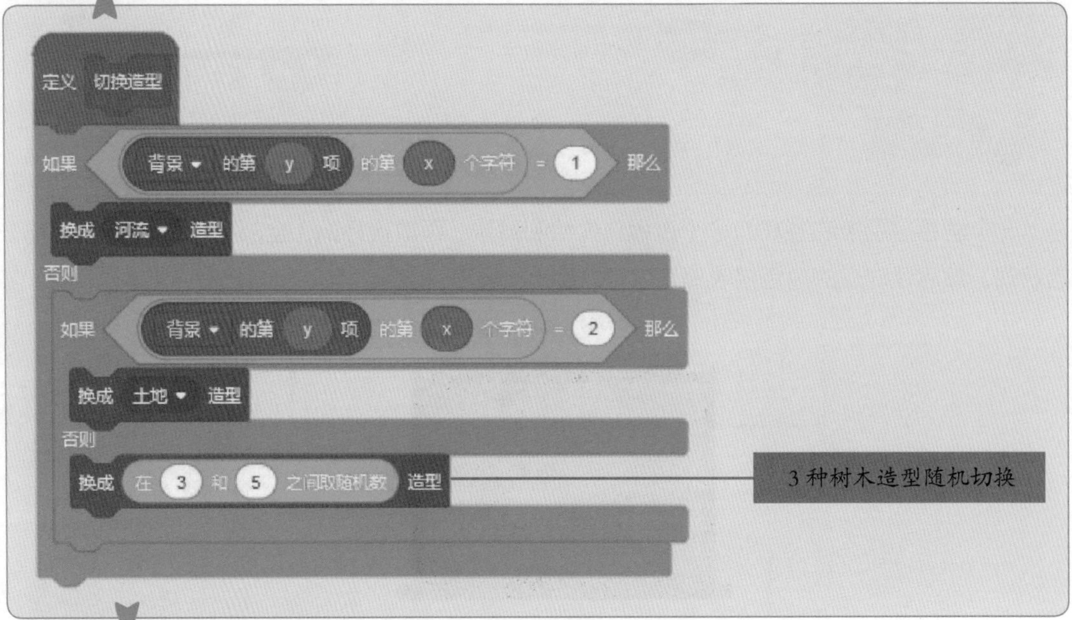

定义 切换造型

如果 〈 背景 ▾ 的第 y 项 的第 x 个字符 = 1 〉 那么

　　换成 河流 ▾ 造型

否则

　　如果 〈 背景 ▾ 的第 y 项 的第 x 个字符 = 2 〉 那么

　　　　换成 土地 ▾ 造型

　　否则

　　　　换成 在 3 和 5 之间取随机数 造型 ────── 3 种树木造型随机切换

**第十三步** 如图定义新的积木。

**第十四步** 将新积木"切换造型"放到"水平方向绘制"积木块的定义中。

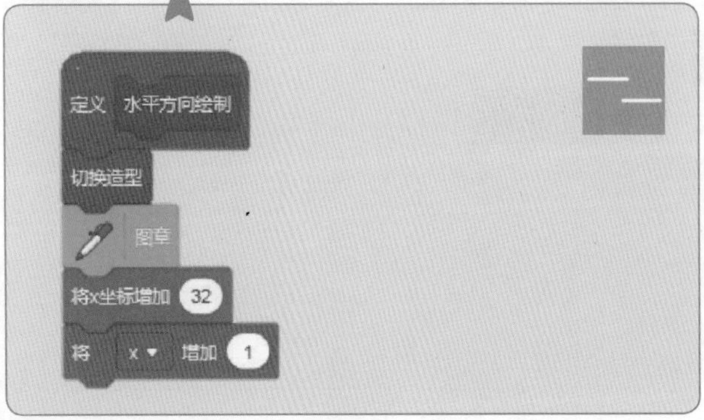

定义 水平方向绘制

切换造型

　图章

将x坐标增加 32

将 x ▾ 增加 1

马上试一试，看看执行程序后能不能绘制出相应的背景。

### 放置标记

6 个标记点是通过克隆的方式生成的。克隆体的位置需要通过列表 X 和列表 Y 中的各个项目计算得出。

例如，下面 6 个边长为 32 的正方形，第 1 个正方形的 X 坐标等于 0，那么第 2 个正方形的 X 坐标为 32，以此类推，到第 6 个正方形的 X 坐标则为 160。

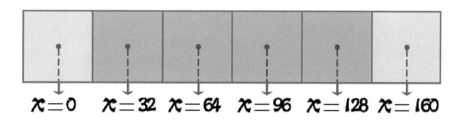

从左往右计数时，在水平方向上 X 坐标之间的关系如下：

第 N 个正方形的 X 坐标 = 第 1 个正方形的 X 坐标 + ( N − 1 ) × 32

同理，从上往下计数时，在竖直方向上 Y 坐标之间的关系如下：

第 N 个正方形的 Y 坐标 = 第 1 个正方形的 Y 坐标 − ( N − 1 ) × 32

下面在 Scratch 中完成克隆体的位置设定。

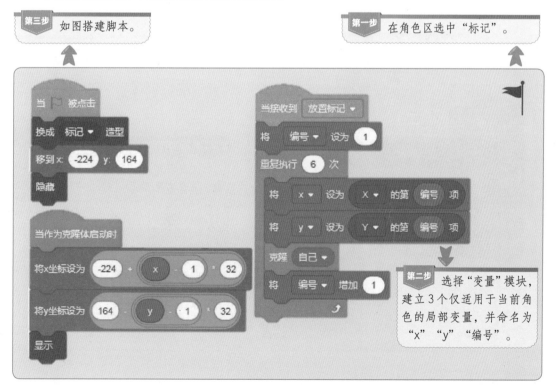

## 游戏内容完善

### 小未移动

按照惯例，依旧使用方向键控制小未移动。首先要用两个变量"x（行）""y（列）"来表示小未站在哪一个格子上，"y"表示从上往下数的第几行，"x"表示从左往右数的第几列；然后计算对应的坐标。这个过程与放置标记的过程是类似的。

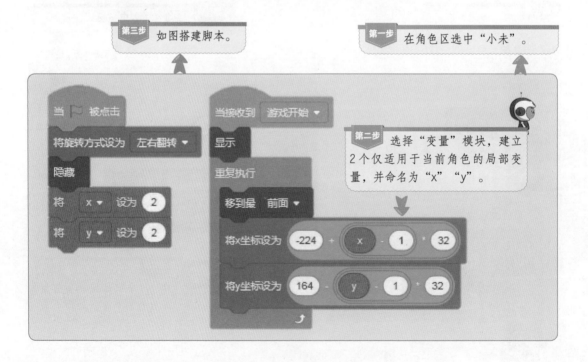

第三步 如图搭建脚本。

第一步 在角色区选中"小未"。

第二步 选择"变量"模块，建立2个仅适用于当前角色的局部变量，并命名为"x""y"。

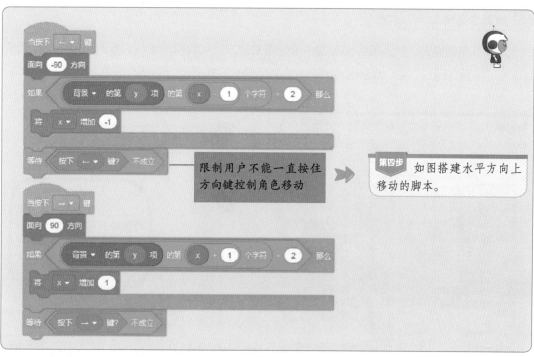

限制用户不能一直按住
方向键控制角色移动

第四步 如图搭建水平方向上
移动的脚本。

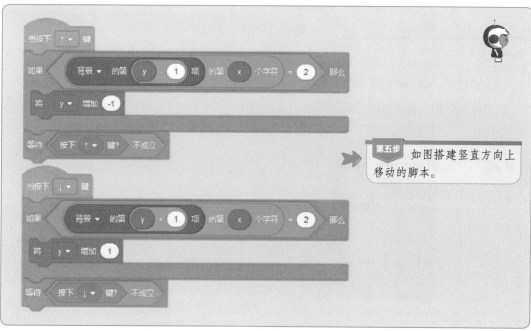

第五步 如图搭建竖直方向上
移动的脚本。

## 放置炸药包

当按下空格键时，炸药包会出现在小未站着的地方，然后自动爆炸。我们可以先制作两个新积木"放置炸药包"和"炸药包爆炸"。

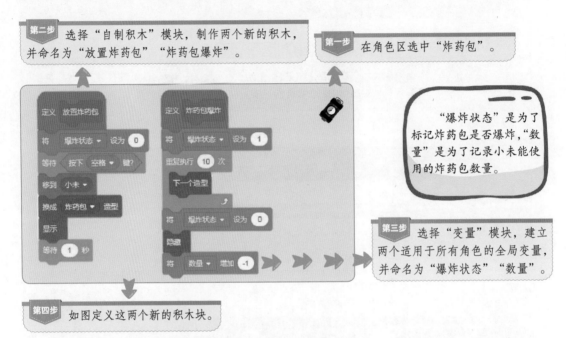

**第二步** 选择"自制积木"模块，制作两个新的积木，并命名为"放置炸药包""炸药包爆炸"。

**第一步** 在角色区选中"炸药包"。

"爆炸状态"是为了标记炸药包是否爆炸，"数量"是为了记录小未能使用的炸药包数量。

**第三步** 选择"变量"模块，建立两个适用于所有角色的全局变量，并命名为"爆炸状态""数量"。

**第四步** 如图定义这两个新的积木块。

进入游戏后，用户可以使用按键放置炸药包。每放置一次，可使用的炸药包数量就减少一个，当数量为 0 时，告诉玩家炸药包用尽，游戏结束。

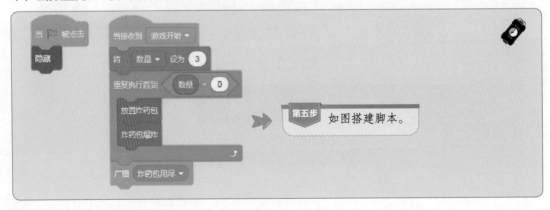

**第五步** 如图搭建脚本。

宝箱还是地雷？

炸药包爆炸后，标记处可能会出现宝箱，也有可能会出现地雷，还有可能什么都没有。这就是一个完全靠运气的游戏呀！那为了增强游戏的不确定性，需要利用变量和随机数，控制每一轮游戏中宝箱所在的位置都是随机的。

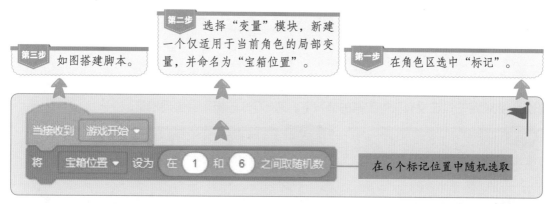

第二步 选择"变量"模块，新建一个仅适用于当前角色的局部变量，并命名为"宝箱位置"。

第三步 如图搭建脚本。

第一步 在角色区选中"标记"。

当接收到 游戏开始 ▼

将 宝箱位置 ▼ 设为 在 1 和 6 之间取随机数 ——— 在6个标记位置中随机选取

当炸药包爆炸时，被炸到的标记需要判断自己的位置编号是否与宝箱的位置编号相同，如果相同，那么出现宝箱并宣告游戏胜利，否则随机出现地雷。

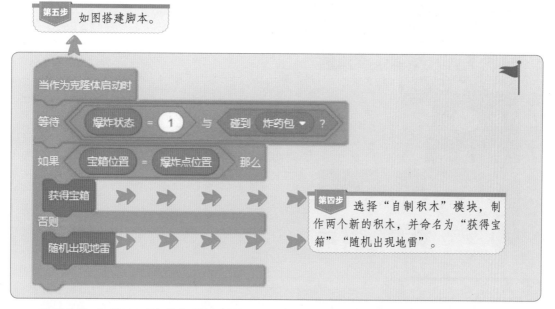

第五步 如图搭建脚本。

当作为克隆体启动时

等待 爆炸状态 = 1 与 碰到 炸药包 ▼ ?

如果 宝箱位置 = 爆炸点位置 那么

获得宝箱

否则

随机出现地雷

第四步 选择"自制积木"模块，制作两个新的积木，并命名为"获得宝箱""随机出现地雷"。

获得宝箱时，标记由红旗切换成宝箱的造型，并广播一个获得宝箱的消息。

如果没有获得宝箱，那么利用变量与随机数控制地雷随机出现。地雷出现的概率可以自己设定。我设定的是在没有获得宝箱的情况下，有 50% 的概率会出现地雷。

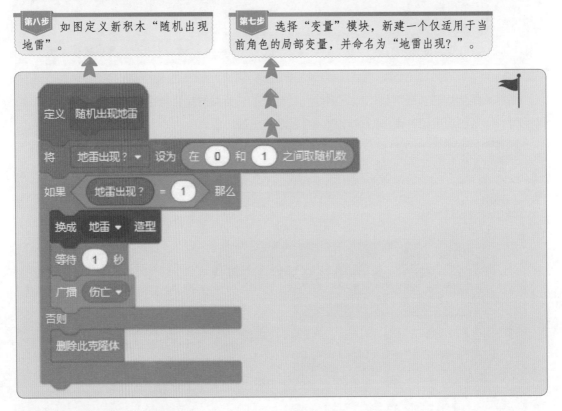

**游戏结束**

无论是获得宝箱、炸药包用尽还是不小心炸到了地雷，游戏都会结束。现在就要完成最后一步，即关于游戏结果的提示。

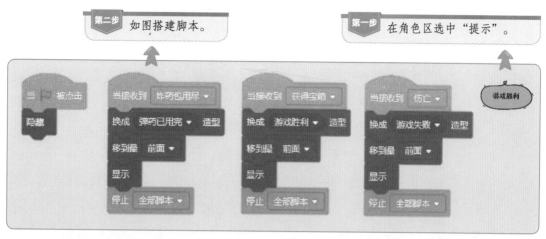

第二步　如图搭建脚本。

第一步　在角色区选中"提示"。

这一章到这里也就结束了，但是这个游戏并没有结束。你可以继续丰富游戏内容，优化游戏体验。例如，添加音效，或者炸药包爆炸后可能会出现一个小怪兽，然后和小未展开了一场激烈的战斗……

最后对你的游戏进行测试，没有问题后保存、分享。

快来和我一起寻宝吧！

# CHAPTER 14

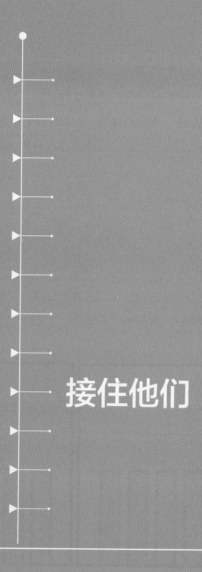

接住他们

前面的章节已经把 Scratch 中所有模块的基础知识都介绍完了，从这一章开始将教你如何设计一个完整的游戏，并使用 Scratch 完成编程。

当你和爸爸妈妈、小伙伴们分享自己的游戏作品时，是不是每一次都要给对方解释这个游戏的玩法与规则？当你刚接触一个新游戏时，一般都会希望前面有一个简单的介绍告诉你这个游戏该怎么玩吧？所以，需要在开始游戏前添加游戏说明。除此以外，还需要告诉用户游戏的名字、相关的按钮等。

## 游戏设计

### 设计游戏内容

当你开始自己设计一个游戏时，先构思人物、场景、功能是非常有必要的。在前几章的游戏中，小未都是一个正面角色，救朋友、击退僵尸！这一章我要让小未换一换风格。先画一个游戏示意图。

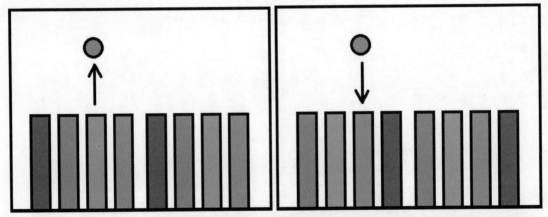

舞台上放置 4 种不同颜色的 8 根管道，同样拥有这 4 种颜色造型的小未会从与自己颜色不同的管道中飞出来，然后落下。用户需要利用按键控制管道左右移动，让小未最终落到与自身颜色一致的管道内。举个例子，蓝色的小未会从绿色的管道中飞出来，用户移动管道，让他落到蓝色的管道里才能得分。

为了增加游戏难度，还可以加上 4 种颜色的炸弹，只有与炸弹颜色不同的管道才能接住炸弹，否则炸弹就会爆炸，游戏结束。

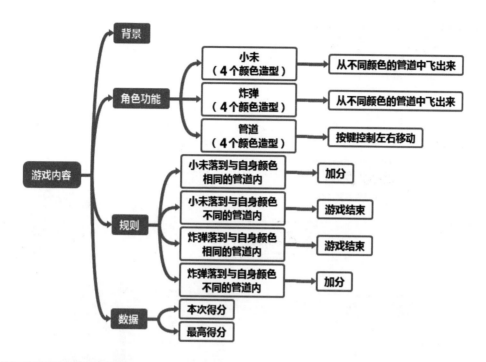

**明确游戏项目框架**

　　根据这个游戏内容，游戏名称也就容易取了，就叫"接住他们"。那么整个游戏项目除了游戏内容外，还需要包括开始界面，即主页，上面常常会有"游戏说明""进入游戏""设置"等按钮。最后当然还需要一个结束页面，应该要"有头有尾"。

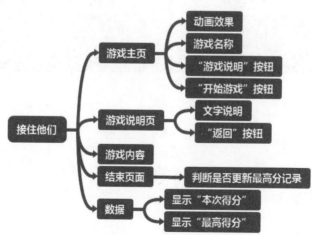

## 游戏主页

开始页面上当然要有游戏名称！除此以外，还可以放置一些不同功能的按钮。为了丰富舞台上的动画效果，还可以添加一些修饰性的角色。

## 切换到主页

游戏中共有"开始背景""说明背景""游戏背景""结束背景"4 个环节的背景，当点击绿旗时需要切换到开始背景。

第一步　选中舞台背景。

第二步　如图搭建脚本。

### 动画效果

　　我要做的动画效果是让小未、炸弹从舞台下方一个个跳出来。角色向上跳然后落回地面的功能如何实现还有印象吗？如果忘记了，可以回过去看一下第 12 章。

　　角色"开始动画"包括小未与炸弹所有不同颜色的造型。利用克隆的方法生成更多小未与炸弹，并利用随机数随机切换造型。当他们下落到舞台下边缘时，可以删除克隆体。

第三步　如图搭建脚本。

第一步　在角色区选中"开始动画"。

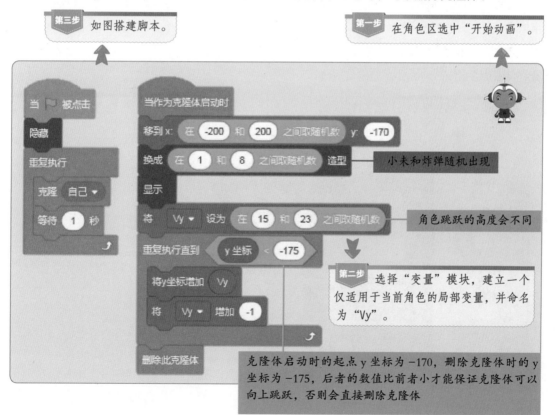

小未和炸弹随机出现

角色跳跃的高度会不同

第二步　选择"变量"模块，建立一个仅适用于当前角色的局部变量，并命名为"Vy"。

克隆体启动时的起点 y 坐标为 −170，删除克隆体时的 y 坐标为 −175，后者的数值比前者小才能保证克隆体可以向上跳跃，否则会直接删除克隆体

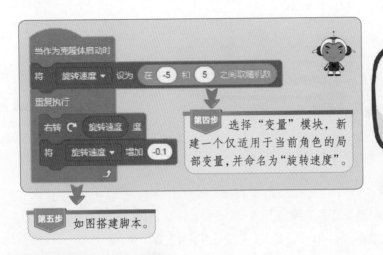

第四步　选择"变量"模块，新建一个仅适用于当前角色的局部变量，并命名为"旋转速度"。

这是为了让角色在跳跃的过程中身体会向左或向右转动，看上去更生动有趣一点。

第五步　如图搭建脚本。

### 游戏名称

游戏名称为"接住他们"，我把每一个字都作为一个单独的造型，这样就可以制作 4 个字依次出现的动画效果了。

这些字同样通过克隆的方式生成，也是从舞台下边缘飞出来，竖直方向上的速度逐渐减小，最终停在舞台上方。

第三步　如图搭建脚本。

第一步　在角色区选中"游戏名称"。

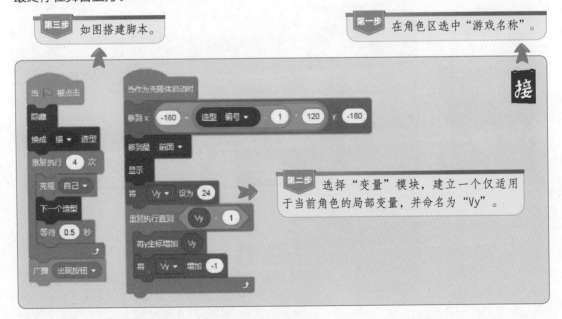

第二步　选择"变量"模块，建立一个仅适用于当前角色的局部变量，并命名为"Vy"。

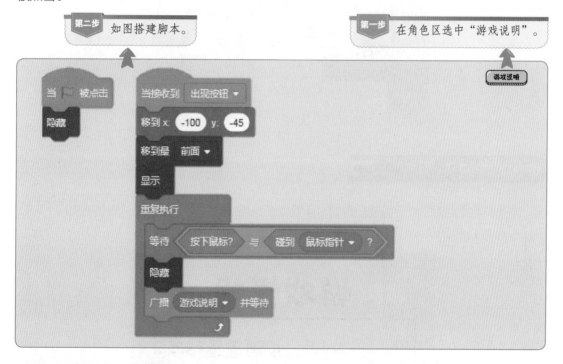

"造型编号"积木块在"外观"模块中属于局部变量。当生成克隆体时，本体的造型不一样，所以4个克隆体的造型编号也不一样。在"造型"标签页中，可以看到第一个字的造型编号是1，第二个字的造型编号为2，一一对应，所以这里可以用造型编号来计算克隆体出现时的$X$坐标。

当克隆4次结束后，广播一个名为"出现按钮"的消息，这是让按钮在标题全部出现之后再出现。那么马上就一起来制作相关按钮的功能吧。

### "游戏说明"按钮

将"游戏说明"按钮摆放在合适的位置，在接收到相应的消息时显示，然后判断自己是否被点击。

第二步  如图搭建脚本。

第一步  在角色区选中"游戏说明"。

### "开始游戏"按钮

"开始游戏"按钮的制作方法与"游戏说明"按钮类似，区别在于"开始游戏"按钮在一轮游戏中只可能被点击一次，而后者可能会被点击多次。所以，前面制作"游戏说明"按钮时使用了"重复执行"积木块。另一个最大的不同就是，它们广播的消息不一样！如果你复制了脚本，那么千万别忘了修改坐标值与消息名称！

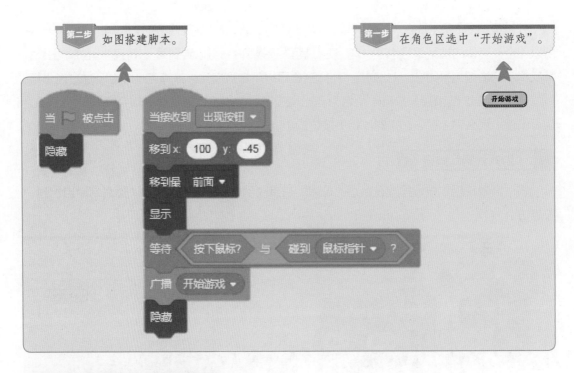

第二步  如图搭建脚本。

第一步  在角色区选中"开始游戏"。

## 游戏说明页

　　游戏说明页是为了介绍游戏规则的，因此需要出现文字说明。为了让画面简洁清晰，可以让游戏名称、跳跃的小未、炸弹等角色先隐藏。

## 切换场景

第二步 如图搭建脚本。

第一步 选中舞台背景。

舞台中的所有背景也都有自己的背景编号，角色可以根据背景编号判断自己在该场景中需要实现什么功能。例如，"开始动画"中的所有克隆体在切换背景后需要被删除，并停止继续克隆。当舞台切换回"开始背景"后重新开始克隆。

第五步 如图搭建脚本，实现切换背景后克隆体删除的功能。

第三步 在角色区选中"开始动画"。

第四步 在重复执行克隆的脚本中添加"重复执行直到舞台的背景编号=1不成立"积木块。

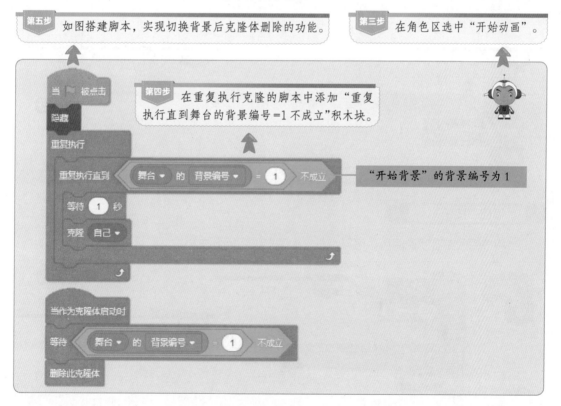

"开始背景"的背景编号为 1

同样，游戏名称也需要根据背景编号判断自己是否需要显示。

第七步 如图搭建脚本。    第六步 在角色区选中"游戏名称"。

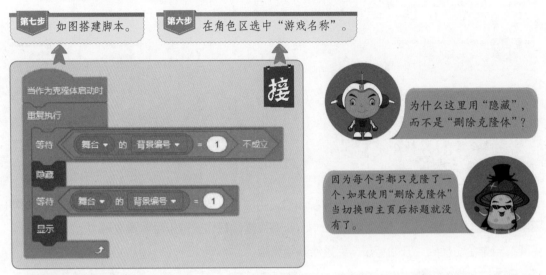

为什么这里用"隐藏"，而不是"删除克隆体"？

因为每个字都只克隆了一个，如果使用"删除克隆体"当切换回主页后标题就没有了。

千万别忘了还有"开始游戏"按钮也需要隐藏哦！

第九步 如图搭建脚本。    第八步 在角色区选中"开始游戏"。

## "返回"按钮

当用户阅读完游戏说明后，可以点击"返回"按钮回到主页。

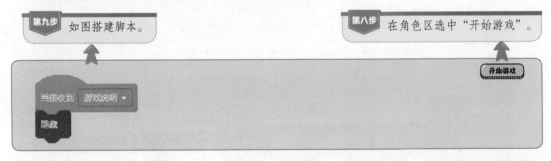

第二步 如图搭建脚本。

第一步 在角色区选中"返回"。

退出说明页后，背景切换回"开始背景"，两个按钮重新出现。

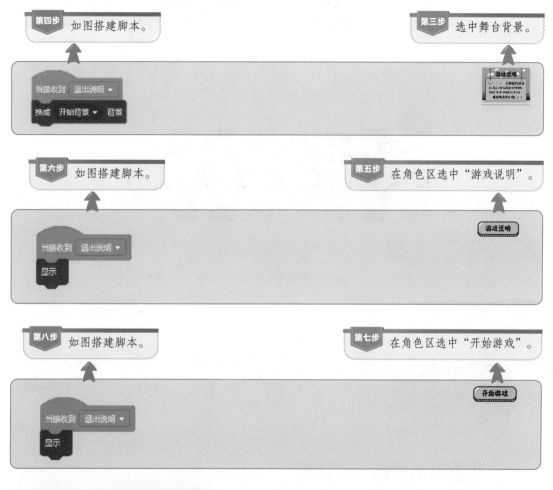

## 游戏内容

前面部分的内容是不是觉得有点简单？虽然简单，但是也容易出错。例如，消息选错了，显示和隐藏放反了……你可以目前测试一下目前完成的部分有没有问题。

接下来就要进入游戏了。

## 切换场景

从游戏主页切换到游戏界面，除了背景需要切换外，其余的按钮、动画角色也需要隐藏。

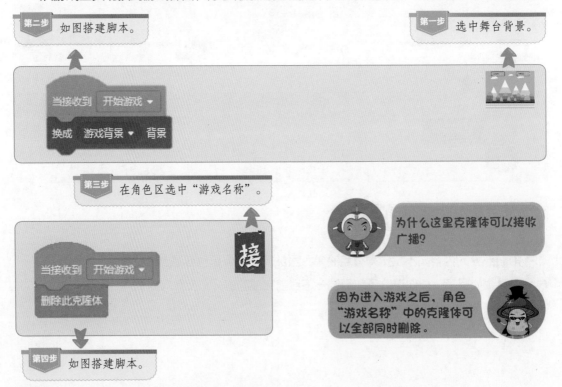

第一步 选中舞台背景。

第二步 如图搭建脚本。

当接收到 开始游戏 ▾

换成 游戏背景 ▾ 背景

第三步 在角色区选中"游戏名称"。

当接收到 开始游戏 ▾

删除此克隆体

第四步 如图搭建脚本。

为什么这里克隆体可以接收广播?

因为进入游戏之后，角色"游戏名称"中的克隆体可以全部同时删除。

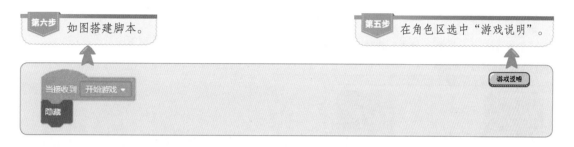

**第六步** 如图搭建脚本。

**第五步** 在角色区选中"游戏说明"。

### 移动的管道

利用克隆的方法生成 8 根管道。舞台长度为 480 像素，平均分成 8 段，每段长度为 60 像素。在确定好第一根管道所在的位置后，移动 60 步继续克隆就可以了。

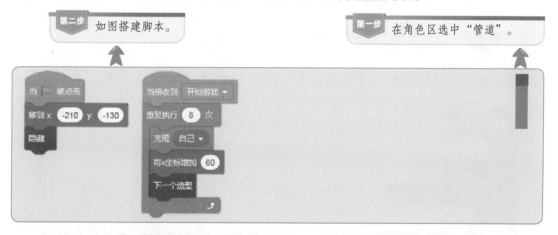

**第二步** 如图搭建脚本。

**第一步** 在角色区选中"管道"。

左移键和右移键控制管道移动。这里要考虑最左边与最右边的管道移动时的问题。最左边的管道向左移动时会超出舞台范围，应该让它移动到最右边；同理，向右移动时，最右边的管道就移动到最左边。最左边的管道 $X$ 坐标为 $-210$，最右边的管道 $X$ 坐标为 210。

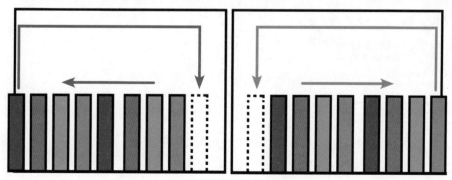

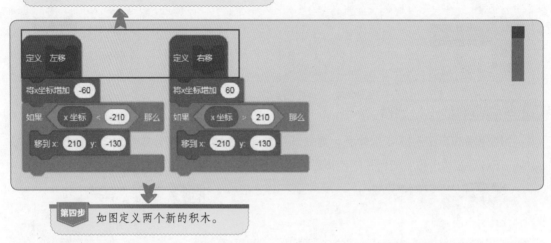

**第三步** 选择"自制积木"模块，依次制作两个新的积木，并分别命名为"左移""右移"。

**第四步** 如图定义两个新的积木。

下面使用新积木搭建脚本，实现用按键控制管道合理地左右移动就可以了。

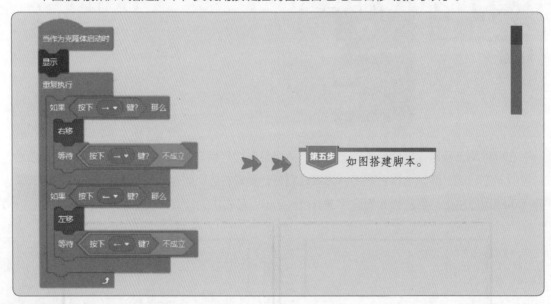

**第五步** 如图搭建脚本。

### 接住小末

进入游戏后的小末和之前主页中制作动画效果的小末不是同一个角色哦！搭积木块时要注意不要选错角色，接下来的脚本都是在"小末"中写的。

先明确和小未相关的功能。

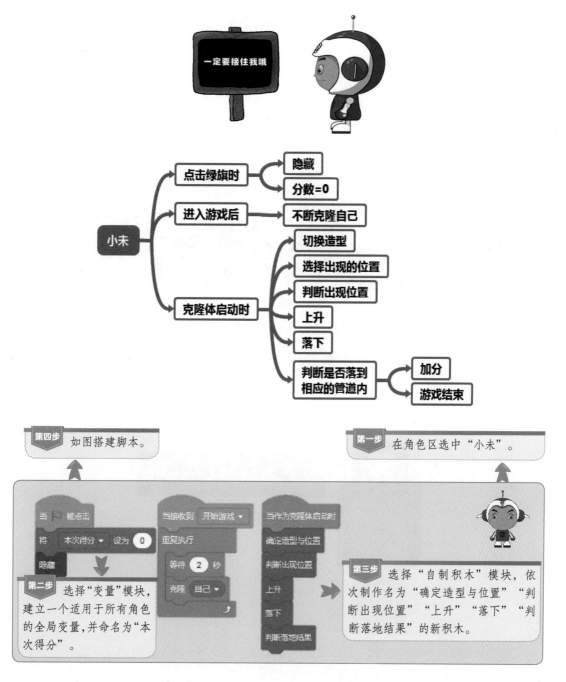

一定要接住我哦

点击绿旗时 —— 隐藏 / 分数=0

小未 —— 进入游戏后 —— 不断克隆自己

克隆体启动时 —— 切换造型 / 选择出现的位置 / 判断出现位置 / 上升 / 落下 / 判断是否落到相应的管道内 —— 加分 / 游戏结束

**第四步** 如图搭建脚本。

**第一步** 在角色区选中"小未"。

当 ▶ 被点击
将 本次得分 ▼ 设为 0
隐藏

当接收到 开始游戏 ▼
重复执行
  等待 2 秒
  克隆 自己 ▼

当作为克隆体启动时
确定造型与位置
判断出现位置
上升
落下
判断落地结果

**第二步** 选择"变量"模块，建立一个适用于所有角色的全局变量，并命名为"本次得分"。

**第三步** 选择"自制积木"模块，依次制作名为"确定造型与位置""判断出现位置""上升""落下""判断落地结果"的新积木。

　　将每一个过程都用一个新的积木块来表示，可以使主程序看上去更简洁清晰。如果后面哪个过程出现了问题，在新积木的定义中修改就可以。下面就开始依次定义这些新的积木块吧。

　　新积木"确定造型与位置"，是指让克隆体随机切换 4 种造型，然后随机移动到一个管道的出口出现。

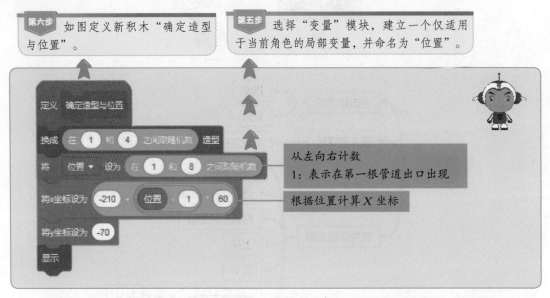

　　新积木"判断出现位置"，是为了判断小未是否出现在了与自身颜色不一样的管道上。如果自己的颜色和柱子的颜色是一样的，那么就删除这个克隆体，并重新克隆一个。

从管道顶部出现，取色时取顶部的颜色

　　由于小未有 4 个颜色造型，因此需要判断 4 次颜色是否一样，在这里又可以制作一个新的积木。

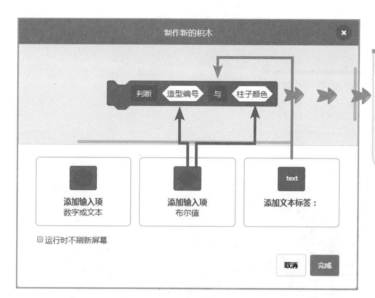

**第七步** 选择"自制积木"模块，制作一个新的积木，在积木名称中输入"判断"，并依次添加布尔值"造型编号"、文本标签"与"、布尔值"柱子颜色"，最后点击"完成"按钮。

**第八步** 如图定义新积木"判断造型编号与柱子颜色"。

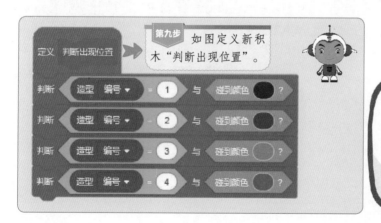

**第九步** 如图定义新积木"判断出现位置"。

这里用造型编号代表小未的颜色，红色的小未造型编号为1，所以判断是否碰到红色。另外3个也需要这样一一对应，同时要注意查看各个造型的造型编号。

如果不放心，完成后马上就可以测试一下，然后就可以接着实现跳跃动作了。你现在应该很熟悉怎样去实现这个功能了吧？

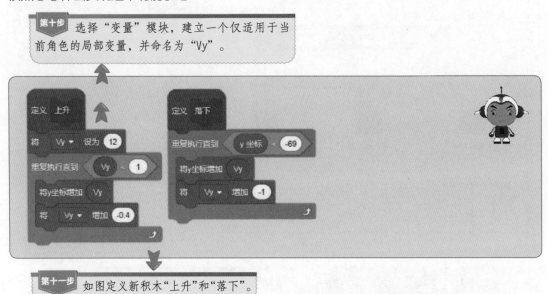

**第十步** 选择"变量"模块，建立一个仅适用于当前角色的局部变量，并命名为"Vy"。

**第十一步** 如图定义新积木"上升"和"落下"。

新积木"判断落地结果"的实现过程和前面"判断出现位置"的过程是类似的，同样需要再制作一个新的积木块。

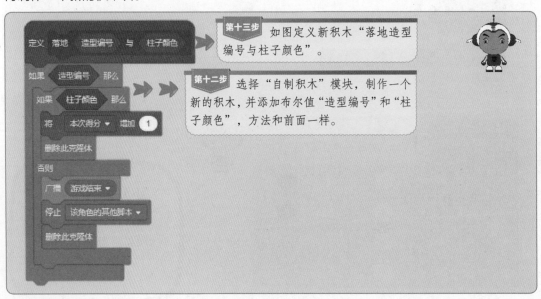

**第十三步** 如图定义新积木"落地造型编号与柱子颜色"。

**第十二步** 选择"自制积木"模块，制作一个新的积木，并添加布尔值"造型编号"和"柱子颜色"，方法和前面一样。

如果小未的造型与柱子的颜色是一样的，那么就会加分；如果颜色不一样，则游戏结束。然后要把这个新积木用到"判断落地结果"的定义中。

**第十四步** 如图定义新积木"判断落地结果"。

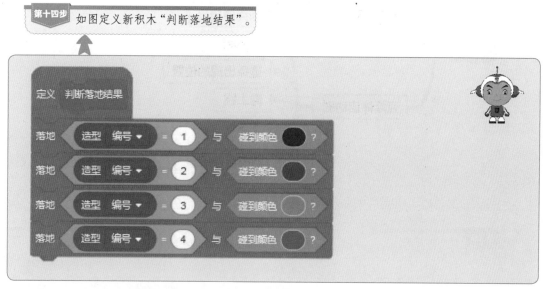

最后，小未的功能就只剩游戏结束时停止克隆了。

**第十五步** 如图搭建脚本。

### 接住炸弹

接炸弹的规则和接小未的规则是相反的。炸弹可以从任何颜色的管道中出现，只要最终不落到与自己颜色相同的管道内就可以加分，所以炸弹可以减少"判断出现位置"的步骤。

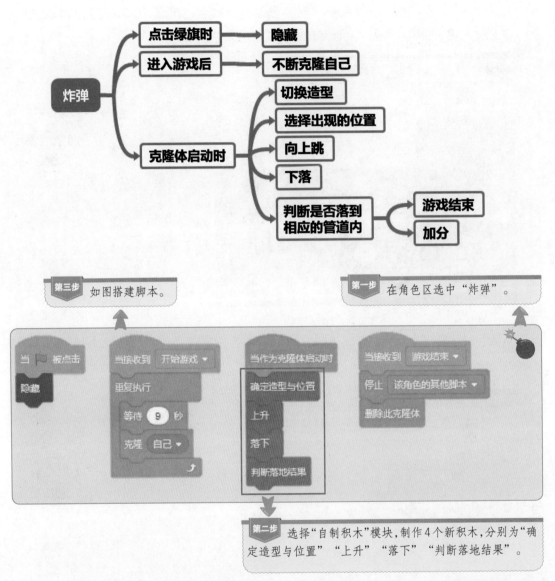

第三步 如图搭建脚本。

第一步 在角色区选中"炸弹"。

第二步 选择"自制积木"模块，制作4个新积木，分别为"确定造型与位置""上升""落下""判断落地结果"。

　　每个角色中自制的积木只能该角色自己使用，所以在角色"炸弹"中需要重新制作这些新积木。

　　接下来依次对这些新积木进行定义。定义的过程和前面"小未"是类似的，只有最后"判断落地结果"会有差异。所以，如果你觉得自己能独立完成脚本了，那么可以先把书合上，自己试着完成这些新积木的定义；如果觉得没有把握独立完成，那么就接着看书一起搭建。

**第四步** 选择"变量"模块，建立一个仅适用于当前角色的局部变量，并命名为"位置"。

**第五步** 如图定义新积木"确定造型与位置"。

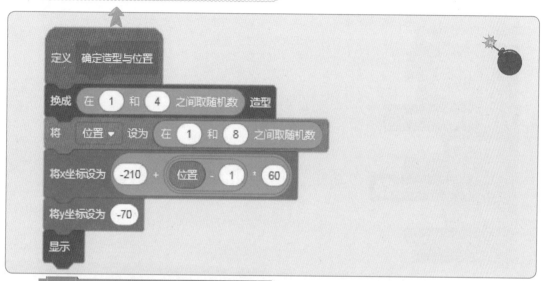

**第六步** 选择"变量"模块，建立一个仅适用于当前角色的局部变量，并命名为"Vy"。

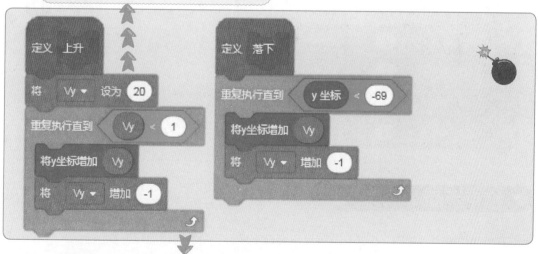

**第七步** 如图定义新积木"上升"与"落下"。

第九步 如图定义新积木"落地造型编号与柱子颜色"。

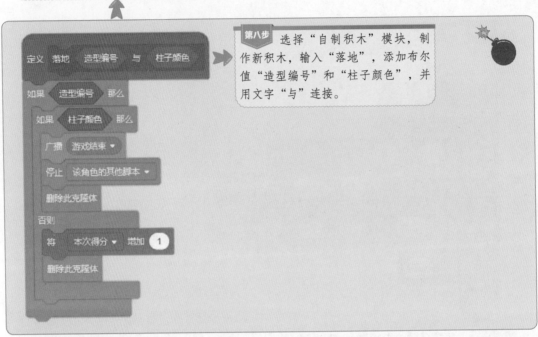

第八步 选择"自制积木"模块，制作新积木，输入"落地"，添加布尔值"造型编号"和"柱子颜色"，并用文字"与"连接。

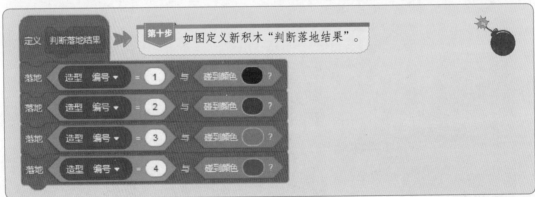

第十步 如图定义新积木"判断落地结果"。

## 结束页面

在结束页面上，管道、小未和炸弹就不会再出现了，分数可以显示在舞台上。

### 更新最高分

当游戏结束时，需要判断本次得分是否高于最高分的记录。如果比最高分高，那么将最高分设定为本次得分。要注意的是，变量"最高得分"在建立后不需要设定初始值。

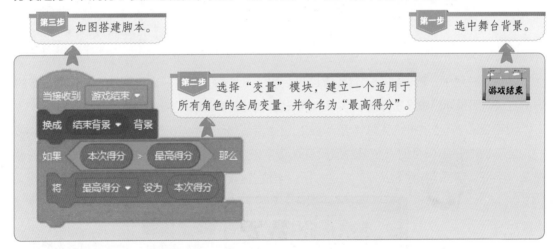

第三步 如图搭建脚本。

第一步 选中舞台背景。

第二步 选择"变量"模块，建立一个适用于所有角色的全局变量，并命名为"最高得分"。

## 显示游戏数据

游戏中的全局变量只有"本次得分"和"最高得分"，这也是玩游戏的人需要了解的变量。以往我们会直接把变量显示在舞台上，下面教你如何使用角色表示变量的值，这样游戏界面也会简洁美观很多。

**本次得分**

角色"本次得分"中包含数字 0~9 共 10 个造型，它们的造型名称都为自己的数值后面加"s"，表示分数（score）。

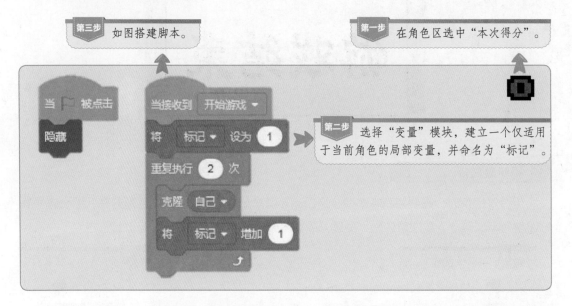

**第三步** 如图搭建脚本。

**第一步** 在角色区选中"本次得分"。

**第二步** 选择"变量"模块，建立一个仅适用于当前角色的局部变量，并命名为"标记"。

在这个游戏中，玩家得到的分数应该不会超过 3 位数，所以只克隆两次，制作两位数的表示方法。如果你想做 3 位数的，学习完方法后可以自己修改。

设定变量"标记"为 1 的克隆体表示个位上的数字，"标记"为 2 的克隆体表示十位上的数字。

当本次得分在 0~9 时，变量的值只有 1 个字符；当得分达到 10 分及以上时，变量的值有 2 个字符，字符的顺序是从左向右的，所以十位上的数字为第 1 个字符。

第 2 个字符

第 1 个字符

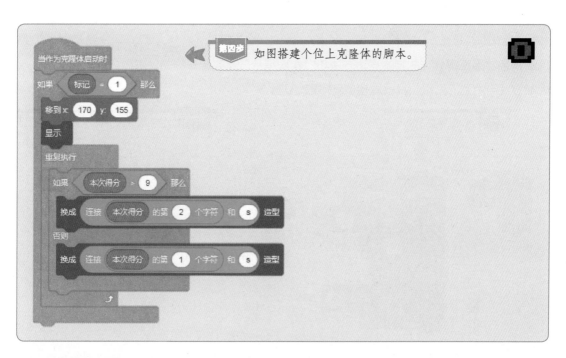

第四步 如图搭建个位上克隆体的脚本。

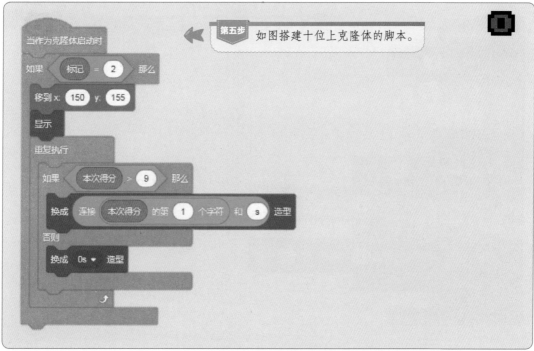

第五步 如图搭建十位上克隆体的脚本。

最高得分

角色"最高得分"的脚本搭建方法与"本次得分"是完全一样的，不同之处只有克隆体出现的位置与用到的变量。我就直接放脚本啦。

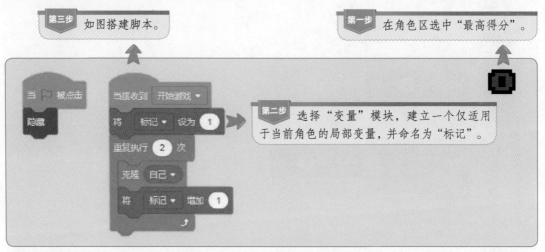

**第三步** 如图搭建脚本。

**第一步** 在角色区选中"最高得分"。

**第二步** 选择"变量"模块，建立一个仅适用于当前角色的局部变量，并命名为"标记"。

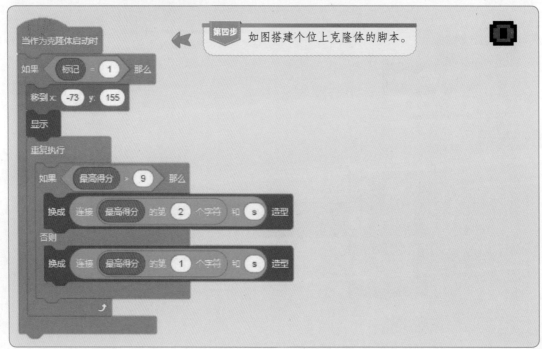

**第四步** 如图搭建个位上克隆体的脚本。

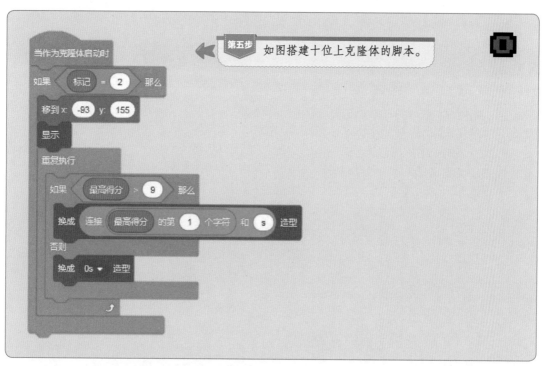

第五步 如图搭建十位上克隆体的脚本。

当作为克隆体启动时
如果 标记 = 2 那么
移到 x: -93 y: 155
显示
重复执行
如果 最高得分 > 9 那么
换成 连接 最高得分 的第 1 个字符 和 s 造型
否则
换成 0s ▾ 造型

现在，一个完整的小游戏就基本做完了，说"基本"，是因为我并没有在里面添加任何音效。合适的音效可以烘托游戏的氛围，让玩家更有兴致去玩这个游戏。但是我把该内容写在书里你也听不到，所以这部分内容就交给你自己去完成了！

最后，别忘了测试整个游戏是否还存在问题，然后保存、分享！

CHAPTER **15**

从 Scratch 到 Python

Scratch 是一门图形化的编程语言，你只需要拖动现有的积木块，就能搭建一段功能比较强大的脚本。但是 Python 作为一种文本编程语言就不一样了，它需要你自己输入英文代码，是不是看上去难度增大了很多呢？不用着急，这一章将结合 Scratch 来学习 Python，从图形化编程过渡到文本编程，希望你能一边看，一边动手操作哦！

## 初识 Python

### 下载与安装

**第一步** 进入 Python 官网（https://www.python.org/）。

**第二步** 选择"Download"选项，选择与你的计算机系统匹配的安装包（本书以下载 Windows 版本为例）。

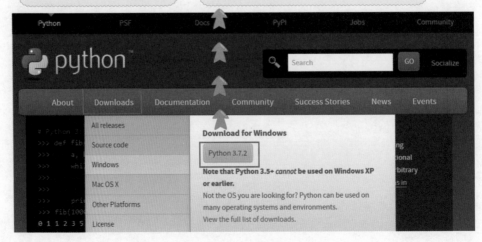

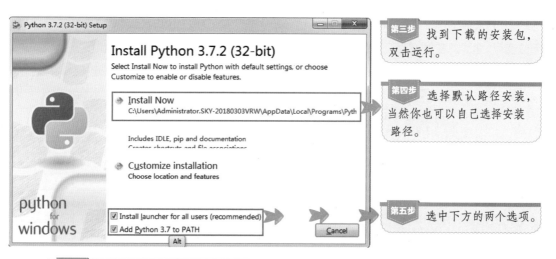

第三步 找到下载的安装包，双击运行。

第四步 选择默认路径安装，当然你也可以自己选择安装路径。

第五步 选中下方的两个选项。

第六步 等待安装完成。

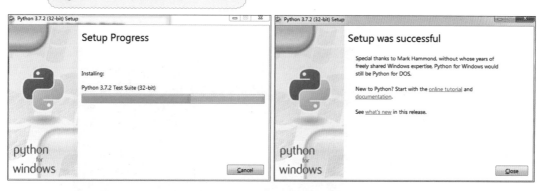

启动 IDLE

第一步 打开"开始"菜单。

第二步 找到"Python"文件夹并打开。

第三步 点击运行"IDLE"。

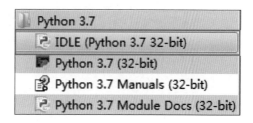

IDLE 是实现我们与 Python 交互的一个图形用户界面，我们可以在这里输入文本与程序，完成交互。IDLE 的界面如下图所示。符号">>>"是 Python 提示符，我们可以在这个符号后面输入代码。

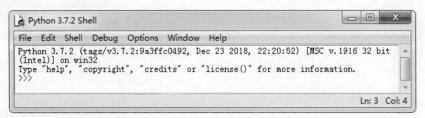

## ● 用 Python 编程

### 第一段代码

在 Scratch 中，使用运算模块中的算术运算符可以直接计算出答案，如计算 249+593。

在 Python 中，打开 IDLE，在">>>"后面直接输入计算式"249+593"，按 Enter 键，即可得到正确的答案，是不是也非常简单呢？你可以尝试计算其他难度更大的题目！

## 海龟绘图

Scratch 中的任何角色都可以当成画笔来使用，我们先在 Scratch 中搭建一段画图的积木块脚本吧。例如，让小未画出一条长度为 200 像素的直线。

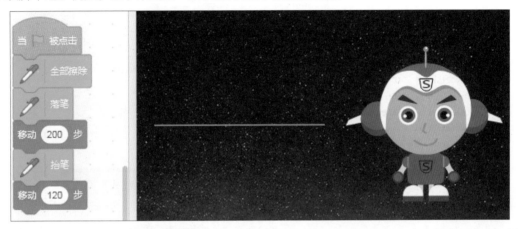

由于在 Scratch 中，默认角色处于抬笔的状态，而且不会在每一次点击绿旗时都自动擦除上一次画图的痕迹，因此在画图前需要先使用"全部擦除"和"落笔"两个指令。"抬笔"指令则可以控制在接下来的移动过程中停止画图。

而在 Python 中有一只会画画的小海龟，接下来就是小海龟的"表演"时间了。

**第一步** 打开 IDLE。

**第二步** 点击"File"按钮。

**第三步** 选择"New File"选项，新建一个 Python 源码文件。

按Ctrl+N组合键也可以完成新建。

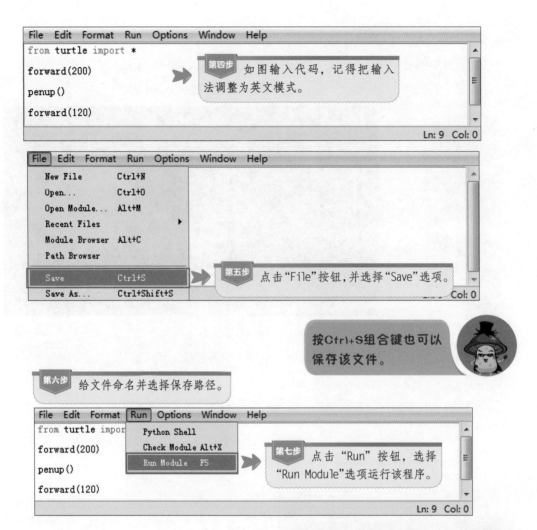

```
File  Edit  Format  Run  Options  Window  Help
from turtle import *

forward(200)

penup()

forward(120)
```

**第四步** 如图输入代码，记得把输入法调整为英文模式。

```
File  Edit  Format  Run  Options  Window  Help
New File        Ctrl+N
Open...         Ctrl+O
Open Module...  Alt+M
Recent Files              ▶
Module Browser  Alt+C
Path Browser
Save            Ctrl+S
Save As...      Ctrl+Shift+S
```

**第五步** 点击"File"按钮，并选择"Save"选项。

按Ctrl+S组合键也可以保存该文件。

**第六步** 给文件命名并选择保存路径。

```
File  Edit  Format  Run  Options  Window  Help
from turtle impor  Python Shell
                   Check Module Alt+X
forward(200)       Run Module   F5

penup()

forward(120)
```

**第七步** 点击"Run"按钮，选择"Run Module"选项运行该程序。

按F5键也可以运行脚本，但是运行前要先保存。

然后就会看到一个新的窗口，里面有一个箭头向前移动，并画出了一条直线。

在这段程序中，"forward(200)"相当于 Scratch 中的"移动 200 步"。单词"forward"的意思是前进，后面括号里的是参数，描述海龟前进的距离，这是一个固定的写法。"penup()"相当于"抬笔"，所以在执行"forward(120)"时并没有画出线条。

那为什么前面不需要和"落笔"一样的指令呢？这是因为在 Python 中，默认画笔都处于落笔的状态。例如，我在后面接着写两条新的指令。

```
File  Edit  Format  Run  Options  Window  Help
from turtle import *
forward(200)
penup()
forward(120)
pendown()
forward(100)
```

第八步　如图修改代码。

这里的"pendown()"就相当于"落笔"积木块。运行之后可以发现，箭头在第 3 次向前移动时又能画出线条。另外，在 Python 中，每一次画图都会自动清空之前画的图形，所以不需要"全部擦除"指令。

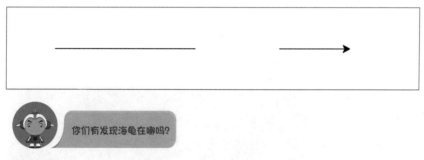

你们有发现海龟在哪吗？

说好的海龟绘图呢？为什么一直是一个箭头在画图？

首先来看程序的第一行"from turtle import *"，这行代码的意思是从 Python 的库中导入 turtle 类。当导入这个类时，其实海龟已经存在了，只是我们看不到而已。

如果你想让这个箭头换成海龟的形状，那么就可以使用"shape()"指令，括号里输入需要显示的形状，并用单引号标注，一起来试一下吧。

保存并运行之后就可以看到，刚才的箭头已经变成了一只小海龟。

还可以使用指令"shapesize()"修改海龟的大小。在代码中输入"shapesize(6,6,6)"试一试，看看会有什么变化吧！

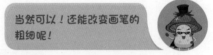

先在 Scratch 中添加设置画笔粗细和颜色的积木块吧！

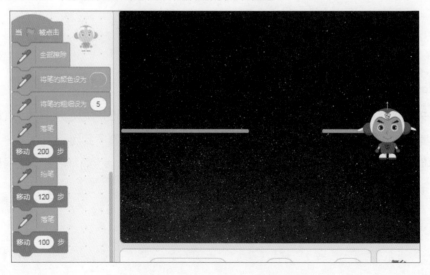

在 Python 中，设置画笔粗细的指令是"pensize()"，括号里输入参数。如果你想设置画笔的颜色，那么可以使用"pencolor()"指令，括号里输入代表颜色的单词，并用单引号标注。

保存并运行之后，可以看到小海龟画出的线现在是粉色的了，而且也比刚才更粗了！

### Python 中的循环

上面我们写的所有程序都是顺序结构的，指令从上往下依次执行。而最能发挥计算机特长的程序结构当然是非循环莫属啦！

我们都知道，Scratch 中有 3 种循环：计数型循环"重复执行 10 次"、无限型循环"重复执行"及条件型循环"重复执行直到"。例如，我先用计数型循环在 Scratch 中画一个方波波形图。

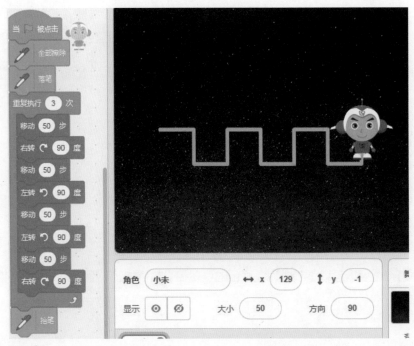

在 Python 中，可以使用"for each in range():"实现同样的功能。在该指令的括号里输入需要循环的次数，结尾有一个"："。这个冒号非常重要哦！在输入这个指令后，换行时自动缩进。一起动手试一下吧！

**第一步** 新建一个 Python 源码文件。

```
File  Edit  Format  Run  Options  Window  Help
from turtle import *

pencolor('pink')
pensize(4)

for each in range(3):
    forward(50)
    right(90)
    forward(50)
    left(90)
    forward(50)
    left(90)
    forward(50)
    right(90)
```

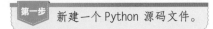

**第二步** 如图输入代码。

**第三步** 保存并运行。

是不是一模一样呢？只是 Scratch 中舞台上的小未太大了，把最后一条线段盖住了而已。我们来看一下这段程序。从"for each in range():"开始，下面的每一行指令都有缩进，这和在 Scratch 中积木块"重复执行"把需要重复去做的积木块都包起来一样。接着是等同于"移动 50 步"的指令"forward(50)"。指令"right(90)"和"left(90)"对应的就是 Scratch 中的右转和左转！

那么你现在可以自己尝试用循环语句在 Python 中画出其他简单的图形吗？可以先在 Scratch 中试一试，然后再去 Python 中画。

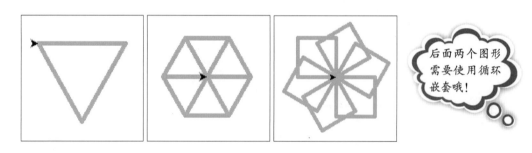

后面两个图形需要使用循环嵌套哦！

### Python 中的变量

在 Scratch 中，我们常常使用变量来给游戏设置时间、分数，给角色设定生命值等。把变量运用到画图中也可以画出特别的图形哦！

在 Scratch 中新建一个变量"side"，用它代表小未在画图时每一次移动的距离。先把这个变量设定为 0，然后每一次移动并旋转之后都将这个变量的值增加 10。例如，下图中，小未每一次移动的步数为"side"的值，右转的度数为 120，那么就能画出一层层慢慢变大的三角形图案。

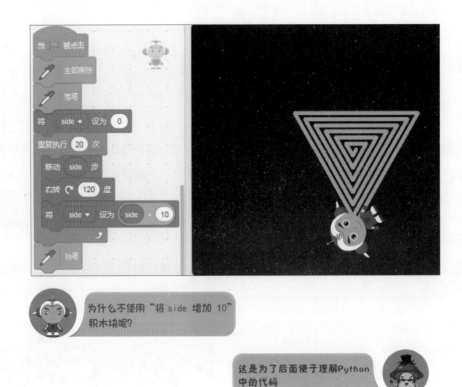

第一步 新建一个 Python 源码文件。

```
File  Edit  Format  Run  Options  Window  Help
from turtle import *

pencolor('pink')
pensize(5)

side = 0

for each in range(20):
    forward(side)
    right(120)
    side = side + 10
```

第二步 如图输入代码。

在这里，当我们输入"side = 0"时就已经建立好了这个变量，并将该变量的值设定为 0。
然后开始循环，这里循环的次数为 20 次。需要循环的指令有 3 个，和 Scratch 中一样：向前
移动"side"步，右转 120 度，将"side"的值增加 10。

至于最后一行代码，你是不是会有这样的疑问：明明写着的是"side"和"side + 10"相等呀，怎么就变成将"side"的值增加 10 了呢？

其实在这里的"="并不是相等的意思，而是"赋值"。它的作用是将左边的变量"side"的值设定为右边"side + 10"这个表达式的值。可以参考 Scratch 中的这个积木块去理解哦！

那"等于"在Python中怎么表示呢？

符号"=="表示关系运算符"等于"哦。

除了"等于"号外，在其他的关系运算符中，小于"<"、大于">"和 Scratch 中的是一样的。另外，在 Scratch 中如果要表示大于等于"≥"，需要用到逻辑运算符"与"将">"和"="放在一起。在 Python 中，则直接用符号">="表示大于等于，"< ="表示小于等于。这些可以去详细介绍 Python 编程的书中学习哦。

说了那么多，现在还没看运行结果呢！

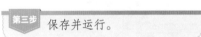
第三步 保存并运行。

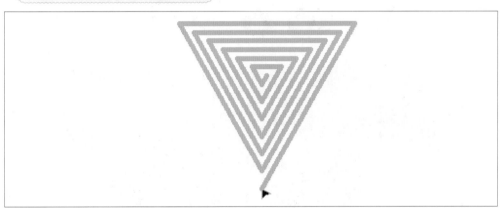

是不是和小未画的图形一模一样呢？另外，只要改变旋转的度数就能画出其他图形。例如，当度数为 90 时会变成一层层变大的正方形图案；度数为 144 时，画出的就是五角星图案啦。

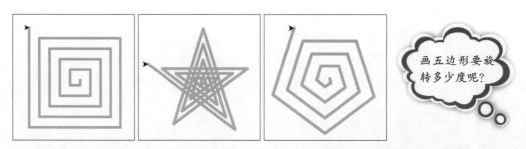

用 Scratch 编程和用 Python 编程看上去有很大的区别，但是在编程的过程中你也能发现有很多类似的地方！无论是哪一种编程，只要能找到适合自己的学习方法，就一定能学有所成。